U0038196

從零開始學！

從零開始學！

2004年至2008年間，我每年春天都誕生一本的『烤箱作點心的食譜』，共創作了五本食譜。本系列以點心為類別重新作編排，除了內容更容易閱讀之外，點心食譜的重點也濃縮為三本，嶄新登場與各位烘焙之友見面。

一路走來，如今回頭審視，當時對食譜內容的想法及製作點心相關的點點滴滴，就這麼悄然卻又鮮明地重新回憶起來。有很多感處，有很多的愛，無論哪一道食譜，都全心全意地投入製作與創新，對我而言，最心愛的點心烘焙是猶如可愛孩子般的存在。接下來的五年、十年，甚至更遙遠的未來，若是各位能夠利用本書中的食譜，自由地製作可口的點心，或是以本書為基礎創造更多變化，將是我莫大的榮幸。

本書收錄的內容為餅乾＆奶油蛋糕食譜。口感酥脆的餅乾及溫潤美味的奶油蛋糕，可以當作每天的早餐，製作點心來招待客人，或者當成可愛小禮物。
接下來，輕鬆愉快地烤出許多美味的點心吧！

稻田多佳子

點心烘焙
入門書系列
2

最詳細の烘焙筆記書II

從零開始學

起司蛋糕&瑞士卷

Cheese Cake & Roll Cake Recipe

稻田多佳子

CONTENTS

part 1

起司蛋糕

本書使用說明

- 本書所使用的1大匙為15ml，1小匙為5ml。
- 選用L size的蛋。
- 提到室溫時，指的是攝氏20℃左右。
- 隔水加熱使用的熱水為沸水。
- 烤箱先行預熱。烘焙時間則視熱源及機種的不同而有所差異。請以食譜中的時間為基礎，視點心的烘焙狀況自行調整時間。
- 使用微波爐加熱時，功率以500W為準。

part 2

瑞士卷

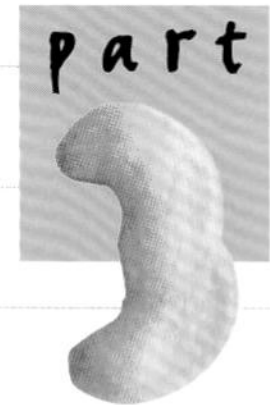

司康 & 馬芬

布丁

特別變化 memo

column

關於材料 1　粉類／雞蛋／奶油

選擇品質良好的材料，是成功作出點心的最佳捷徑。
除了味道之外，在品質／價格上也多多留心比較，選擇自己最能接受的商品。
在合理範圍內，請使用讓自己感到安心的食材，作出好吃又健康的點心吧！

＋粉類

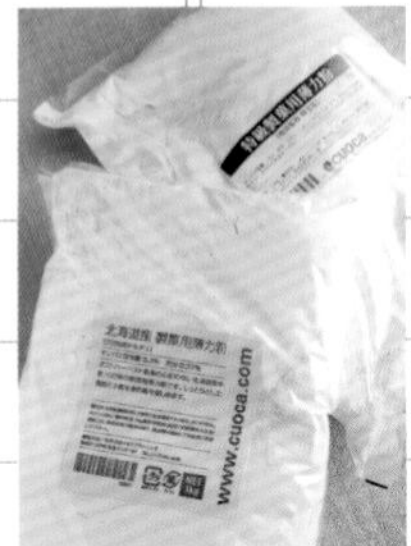

低筋麵粉

麵粉的好壞能左右點心出爐後的質感與味道。我現在愛用的品牌是「特寶笠」和Dolce。口感柔順的特宝笠，用來作戚風蛋糕與海綿蛋糕；小麥味道較強的Dolce，則用來作奶油蛋糕和餅乾。

泡打粉

泡打粉能使烤好的點心變得蓬鬆輕軟。圖為RUMFORD公司產的泡打粉，不含鋁，但容易潮濕，所以我都放冰箱保存。

全麥麵粉／高筋麵粉

全麥麵粉是保留小麥表皮和胚芽後磨成的麵粉。想作出帶有顆粒口感的點心時，我就使用全麥麵粉。用於製作麵包的高筋麵粉，口感比低筋麵粉更為清爽，建議使用於模型內部或擀麵檯上。如果家裡有高筋麵粉，請一定要試試看。

玉米粉

以玉米製成的澱粉。想作出帶有輕盈酥脆且入口即化的口感時，可以以玉米粉替代部分的低筋麵粉。

杏仁粉／榛果粉

堅果類的粉末，能夠增加麵糊的口感和風味，但因為容易變質，最好趁新鮮使用完畢。開封後可以裝入密封容器內，放入冰箱保存即可。

＋蛋

我現在盡量使用由健康雞隻所生產、蛋殼硬度較高的新鮮雞蛋。基本上使用大顆的雞蛋。如果使用其他尺寸的雞蛋時，可以全蛋（大顆）1顆約60g＝蛋白1顆份約40g＋蛋黃1顆份約20g來換算。

＋奶油

作點心時使用的是無鹽奶油。一般的烤箱點心，則用可爾必思公司或幸運草公司出品的奶油。製作奶油風味強烈的點心，或份量不多即能吃出奶油香甜的點心時，會選擇明治的發酵奶油。

part 1

起司蛋糕

只需要把材料混合在一起，作法簡單又單純，

就可以作出好吃的點心。

記得很久以前我第一次烤起司蛋糕時，

就是以這樣的方法製作的。

藉由仔細地進行每一個簡單的步驟，點心也會越作越好吃。

在長年從不間斷地製作甜點的時光裡，

這個感覺已經自然地融入身體裡呢！

起司蛋糕

說到材料和配方簡單、製作方法單純，輕輕鬆鬆就可以完成的可口點心，我想就是這道烤起司蛋糕了。「明天要去朋友家玩，想先烤個點心準備起來，可是好麻煩喲，今天沒什麼心情耶」這種時候，我最常作的就是烤起司蛋糕了，雖然我是公認的烘焙愛好者，但偶爾也會沒有作點心的心情。像這種時候，作法就很隨性。但即使如此，還是能烤出一個像樣好吃的蛋糕來呢！

接著就來公開我隨性的麵糊作法，只要以一個1公升的量杯，把材料依序放入後，再以手持式電動攪拌器全部攪拌均勻即可。使用普通的食物處理機當然也可以，只不過電動攪拌器的事後清洗更簡便，製作步驟和整理過程都輕鬆不費力，這真是最令人心喜的優點呢！

在攪拌過程中附著於量杯底部或側面的麵糊，以小的矽膠刮刀刮下即可。不同於以打蛋器攪拌材料的方式，電動攪拌器是以機器混合出柔滑細緻的麵糊，所以完成後不需過濾，直接倒入模型內就可以了。若使用鋁箔製的容器，或可以直接放入烤箱的烤杯來取代一般的模型，也很輕巧方便。

材料（直徑16cm的掀底式圓形模型1個份）
奶油起司（Cream Cheese） 250g
細砂糖 100g
雞蛋 2個
鮮奶油 100ml
檸檬汁 1大匙
低筋麵粉 20g
鹽 1小撮
香草精 少許

前置準備
+ 奶油起司&雞蛋置於室溫下回溫。
+ 模型內鋪上烘焙紙。
+ 低筋麵粉過篩備用。
+ 烤箱以170℃預熱。

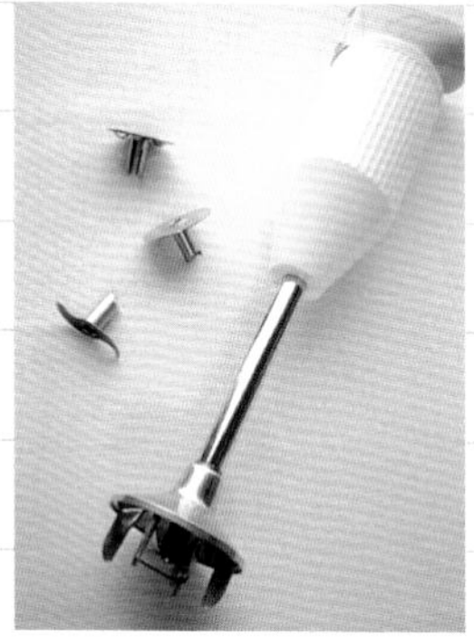

手持式電動攪拌器（電動攪拌棒），
可以直接在杯子或鍋子裡使用，相當方便。
只要在量杯中依序加入需要的材料，
再利用電動攪拌棒按順序拌勻，
麵糊就完成了。
事後的清洗也很簡單，真令人開心哪！

作法

1. 鋼盆內放入奶油起司，以打蛋器攪散至柔滑狀，再加入細砂糖和鹽，拌勻直到顆粒融化。
2. 雞蛋一顆一顆分開打入步驟1內，打入的同時攪拌均勻；再依序加入鮮奶油、檸檬汁、香草精、低筋麵粉，全部拌勻。
3. 麵糊以濾網過濾後，倒入模型內，以170℃烤箱烤約40分鐘。出爐後，冷卻至不燙手的程度，再連同模型一起放入冰箱，使蛋糕徹底冷卻。隔天享用味道最好，所以建議在要吃的前一天製作。

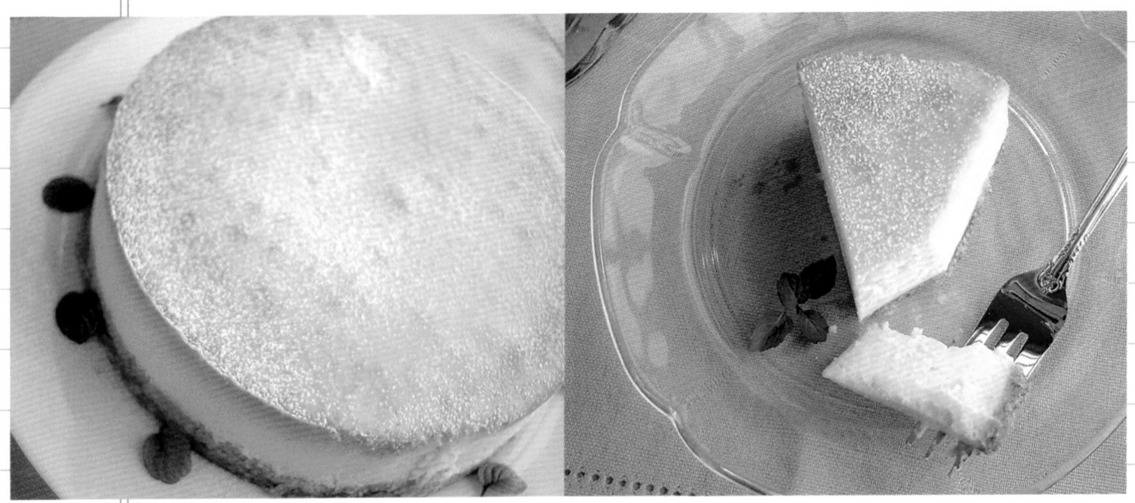

紐約風起司蛋糕

在烤箱內以隔水加熱方式烘烤，慢慢烘焙出來的紐約起司蛋糕，有著濃郁扎實的口感。經常吃的確很容易膩，但是一想到它的時候，無論如何都想吃到。很喜歡吃我的手作點心的朋友，就是這款蛋糕的愛好者。她最喜歡墊在蛋糕底部的那層餅乾底。據說，那層餅乾底好吃的祕訣就在於選用的全麥餅乾。和起司蛋糕最對味的餅乾底，非McVitie's的消化餅乾（Digestive Biscuits）莫屬了。平時我並沒有購買一般餅乾當作零食的習慣，只有這款餅乾例外，除了下午的午茶時間外（搭配奶茶，風味絕佳！），在忙碌的早晨也可以當成早餐的替代品。夾入香草奶油變成另類的夾心餅乾，也很好吃。只要我出門買東西時看到它，一定會順手抓個幾包一起結帳。

使用手持式電動攪拌器來作起司蛋糕，在前一頁的「烤起司蛋糕」裡也提過，這裡的紐約起司蛋糕同樣是以手持式電動攪拌器完成的。對了，順帶一提，有時候我會看心情，直接使用電動攪拌棒來製作呢！因為這款起司蛋糕和香草的香甜風味相當對味，若是把香草精替換成香草莢，烤出來的蛋糕更好吃喔！使用香草莢替代香草精時，直接從香草莢內取出香草籽使用即可，份量則為½至1根份。由於蛋糕的奶味濃郁，可以搭配微酸的果醬，也很好吃喔！

材料（直徑16cm的掀底式圓形模型1個份）

起司麵糊

- 奶油起司（Cream Cheese） 250g
- 細砂糖 100g
- 酸奶油（Sauer Cream） 100g
- 雞蛋 2顆
- 鮮奶油 200ml
- 檸檬汁 1大匙
- 低筋麵粉 20g
- 鹽 1小撮
- 香草精 少許

蛋糕底座

- 消化餅（Digestive Biscuits） 70g
- 無鹽奶油 30g

裝飾用糖粉、薄荷葉 各適量

前置準備

- ＋奶油起司、酸奶油、雞蛋，置於室溫下回溫。
- ＋先在模型底部鋪上一層鋁箔紙，以便隔水加熱使用。
- ＋低筋麵粉過篩備用。
- ＋烤箱以160℃預熱。

作法

1. 首先製作蛋糕底座。把餅乾裝入塑膠袋內，以擀麵棍搗碎後搖晃均勻，待餅乾變成細碎狀後，倒入鋼盆裡。接著加入以微波爐加熱融化後的奶油，全部拌勻成濕潤狀。把濕潤的餅乾碎屑均勻鋪在模型底部，再以湯匙背面把餅乾壓實後，放入冰箱備用。
2. 製作起司麵糊。在鋼盆裡放入奶油起司，以打蛋器攪拌至柔滑狀，再加入細砂糖和鹽，全部拌勻。
3. 依序在步驟2裡加入酸奶油→雞蛋（一顆一顆分開加入）→鮮奶油→檸檬汁→香草精→麵粉，每加入一種材料即攪拌均勻。
4. 攪拌完成的麵糊過濾後倒入模型內，再把模型放在烤盤上，送入烤箱。在烤盤內注入熱水，高度為模型的⅓即可。以160℃烤箱隔水加熱，烘焙約60分鐘（中途若烤盤內的水蒸發完，請再補充）。出爐後，冷卻至不燙手的程度，連同模型整個放入冰箱冷藏，徹底冷卻。最後把蛋糕從模型內取出，依喜好撒上糖粉，以薄荷葉裝飾即可。

我很喜歡McVitie's的餅乾系列。
家裡常備的有「消化餅」和「香草奶油餅乾」，
有巧克力牛奶夾心口味也很好吃哦！

杯子起司蛋糕

把舒芙蕾風味的起司材料裝入小烤杯裡，就可以作出一人份的起司蛋糕。不用特別切開分裝，看起來又小巧可愛，所以我家經常可以看到像這樣把材料裝在杯子裡再烤成的蛋糕。

偶爾我也會添加一些葡萄乾、莓果或櫻桃。因為是自己親手作的，就好像把神祕寶物藏在杯底一般，心情也跟著雀躍不已。

雖然平時我喜歡在起司蛋糕裡淋上些許檸檬汁，以突顯蛋糕的酸度，但不過這款烤杯起司蛋糕卻沒有這麼作，因為它的口感實在太鬆軟了，所以蛋糕的風味也應該這樣軟綿綿的就好嘛！如果你喜歡清爽有酸度的起司蛋糕，可以在加完奶油起司和奶油後，再加入1小匙的檸檬汁喲！

材料（直徑7cm的小烤杯約5個份）
奶油起司（Cream Cheese） 120g
無鹽奶油 30g
細砂糖 50g
玉米粉 1大匙
鮮奶 120ml
蛋黃 2顆
蛋白 2顆份
鹽 1小撮
香草精 少許
裝飾用糖粉 適量

前置準備
+奶油起司和奶油置於室溫下回溫。
+烤杯內側薄塗上一層份量外的奶油。
+烤箱以160℃預熱。

作法

1 在鋼盆內打入2顆蛋黃，以打蛋器攪拌打散，再加入一半份量的細砂糖，仔細攪拌均勻後，倒入玉米粉，全部拌勻。
2 鮮奶以鍋子加熱到接近沸騰的狀態後，再慢慢倒入步驟1的鋼盆內，攪拌均勻。攪拌完成的材料以濾網過篩後再倒回鍋中，以中火加熱，同時不斷攪拌，直到鍋內的材料熱度均勻且變得黏稠。熄火後，將鍋子從爐上移開，加入奶油起司和奶油，利用鍋內剩餘的熱度把所有材料混合均勻，直到呈現柔軟滑嫩的狀態後，再加入鹽和香草精。
3 另取一個鋼盆，放入蛋白，再慢慢倒入剩餘的細砂糖，並且同時打發起泡，完成帶有光澤度、緊實綿密的蛋白糖霜。
4 在步驟2的材料裡，加入步驟3的1勺蛋白糖霜，使用打蛋器以畫圓的方式混合均勻後，再倒回步驟3的蛋白糖霜鋼盆裡，以矽膠刮刀俐落快速地攪拌均勻。
5 把步驟4的材料倒入烤杯裡，填至六至七分滿，平均間隔排列於烤盤上後，放入烤箱。在烤盤內注入熱水，高度至烤杯的⅓位置，以160℃烤箱隔水加熱，烘烤約30分鐘。待蛋糕變得蓬鬆柔軟，顏色略微焦黃即完成。出爐後，冷卻至不燙手的程度，撒上適量的糖粉。放入冰箱經過一個晚上的冰鎮後再享用，最好吃喔！

奶油起司在使用之前請先置於室溫下回溫，
質地柔軟的狀態才適合使用。
最適合的軟度是以手指輕壓就會凹陷的程度。

要烤這款蛋糕，不見得一定要使用烤杯，
也可以使用耐熱的玻璃容器哦！

南瓜楓糖烤起司蛋糕

因為想作出一個混合了南瓜和楓糖口味的起司蛋糕，我先試用了楓糖塊，沒想到成品的楓糖滋味卻稍嫌重了點，南瓜和起司的味道因此被埋沒，所以改用楓糖漿添加點少許巧妙風味，這才順利地讓楓糖扮演好陪襯主角的最佳女配角。至於使用的模型，方形、圓形、磅蛋糕模型，隨個人喜好都行。這款蛋糕的麵糊份量偏少，烤出來的厚度較薄。如果你想要大快朵頤，可以把材料的份量加倍，把模型填滿後再烤也可以喔（烘焙時間也要記得延長才行）！

幾年前我曾經在萬聖節時，將帶有甜味的派皮麵糊鋪在模型底部，再整齊排列上仔細切好的南瓜薄片，烤成南瓜派。接著把派皮剩餘的麵糊再混入可可粉，製作南瓜頭臉部表情的餅乾（麵糊擀平後以刀子就可以輕鬆地切割出想要的形狀），烤好後再裝飾在南瓜派上。一邊作一邊彷彿感受到南瓜派發出嘻嘻的笑聲，一個充滿童趣的南瓜派妖怪就這麼誕生了。

材料（15×15cm的方形模型1個份）
南瓜　約1/8個（實際使用內餡100g）
奶油起司（Cream Cheese）　120g
鮮奶油　80ml
紅糖（或細砂糖）　30g
雞蛋　1顆
低筋麵粉　2大匙
楓糖漿　1大匙
鹽　1小撮

前置準備
+ 奶油起司和雞蛋置於室溫下回溫。
+ 模型內鋪上烘焙紙。

作法

1. 南瓜切成適當大小，以微波爐加熱或蒸煮，直到竹籤可穿透為止。去皮後，取100g放入鋼盆內，以叉子約略搗碎後放涼。烤箱以160℃加熱備用。
2. 另取一鋼盆，放入已在室溫下變軟的奶油起司，以打蛋器攪拌至柔軟的乳霜狀，再加入紅糖和鹽拌勻。依序加入：步驟1的南瓜→打散好的蛋液→鮮奶油→過篩的低筋麵粉→楓糖漿，每加入一種材料都要仔細拌勻（也可以電動攪拌棒或食物調理機，依序拌勻）。
3. 以濾網過篩步驟2，倒入模型內，以160℃烤箱約40鐘即可。取出後冷卻至不燙手的程度，連同模型直接放入冰箱冷藏確實冷卻。放置一天後滋味更佳，建議提前一天製作。

楓糖漿依據品牌及等級的不同，
有許多選擇。
烘焙點心時，
不需要選用高級清香的楓糖，
而是選用色澤和滋味都較明顯的種類。

作的人和吃的人都會很開心的俏皮點心（笑）。
偶爾作作這種充滿童趣的點心，
真令人開懷呢！

草莓果醬烤起司蛋糕

果醬和起司蛋糕的搭配方法，可以佐於烤好的蛋糕旁，也可以直接混在麵糊裡一起烘焙。以草莓果醬把麵糊暈染成淡淡的粉紅色，或攪拌成大理石花紋也可以，兩種都是果醬起司蛋糕的作法。在原味麵糊裡倒入混合了果醬的麵糊，以筷子或小型矽膠刮刀拌勻。果醬麵糊會浮至上層，但是因為表面會再用酸奶油把果醬層隱藏起來，所以要等到切開來享用的瞬間，才會跟果醬正式打照面，說聲「Hello！」。

表面鋪上酸奶油的起司蛋糕，真的好好吃噢。幾年前我從札幌的朋友T那裡，收到煉瓦亭的「二口起司」，就是鋪著餅乾底僅兩口大小的小型起司蛋糕，上面再加了一層酸奶油，吃起來非常清爽。雖然只有約兩口大小，但它真得好吃到讓人覺得一下就吃完實在太可惜了，所以我把它裝在盤子裡，以叉子切成小塊狀，分成四至五口才吃完很珍惜地享用了這份點心。

材料（直徑15cm的撳底式圓形模型一個份）

起司麵糊

- 奶油起司（Cream Cheese） 120g
- 酸奶油（Sour Cream） 50g
- 奶油 100ml
- 細砂糖 45g
- 低筋粉麵 10g
- 雞蛋 1顆
- 檸檬汁 ½大匙
- 鹽 1小撮
- 香草精 少許

草莓果醬 30g

蛋糕底座

- 消化餅乾 65g（約7片）
- 無鹽奶油 30g

頂層

- 酸奶油（Sour Cream） 100g
- 鮮奶油 ½大匙
- 糖粉 ½大匙

前置準備

+ 奶油起司、酸奶油、雞蛋置於室溫下回溫。
+ 由於會以隔水加熱方式烘焙，
  請先在模型底部鋪上鋁箔紙。

作法

1 首先製作蛋糕底座。把餅乾裝入塑膠袋內，以擀麵棍搗碎後搖晃均勻，待餅乾變成細碎狀後，倒入鋼盆裡。然後加入以微波爐加熱融化後的奶油，全部拌勻成濕潤狀。把濕潤的餅乾碎屑均勻鋪在模型底部，再以湯匙的背面把餅乾壓實後，放入冰箱備用。烤箱以160℃預熱備用。

2 接著製作起司麵糊。在鋼盆裡放入已經在室溫下軟化的奶油起司，以打蛋器攪拌至柔滑的乳霜狀，再加入細砂糖和鹽拌勻。依序加入酸奶油→已打散的雞蛋蛋液→鮮奶油→過篩後的麵粉→檸檬汁→香草精，每加入一種材料都要攪拌均勻（也可以電動攪拌棒或食物調理機，依序拌勻）。

3 以濾網過篩後，將⅓麵糊倒入另一個鋼盆裡，混合草莓果醬。接著在步驟1的模型裡，依序倒入原味起司麵糊、草莓果醬麵糊，拿起筷子以畫圓的方式把兩種麵糊拌勻，放入烤盤，送進烤箱。在烤盤內注入熱水至模型的⅓高度，以160℃烤箱隔水加熱，烘烤約45分鐘（中途若熱水蒸發完，請再加水）。

4 烤箱溫度調高至180℃，加熱備用。最後製作蛋糕表層。在鋼盆內放入酸奶油、鮮奶油、糖粉，用打蛋器全部攪拌均勻後，倒入步驟3的表面。以180℃烤箱烤3至5分鐘。出爐後，冷卻至不燙手的程度，連同模型整個放入冰箱冷藏，徹底冷卻。出爐後一天滋味最好，建議提前一天製作。

因為包裝太可愛，
不小心就買下的法國沙巴東
（Sabaton）草莓果醬。
圓圓胖胖的玻璃瓶身，
瓶蓋上覆蓋法國普羅旺斯當地的花布。
圖片上另一罐蓋著粉紅色碎花布的，
是好友T親手作的超好吃草莓果醬。

OREO生起司蛋糕

這是一款顏色對比黑白分明的生起司蛋糕。因為起司麵糊裡沒有加蛋黃，口感雖然稍微偏淡，卻可以作出完美無瑕的白色。以紅色的覆盆子和綠色的薄荷葉配色，製成可愛又繽紛的生起司蛋糕就完成了。以擠花袋擠出鮮奶油在表面畫上線條，有或沒有都可以，請依個人喜好決定吧。

這款蛋糕由於鮮奶油不需要打發，只要把材料依照順序攪拌均勻即可，作法相當簡單，也可以說是P.6介紹的「烤起司蛋糕」的冰涼版，是簡單食譜的代表。也可以手持式電動攪拌器（電動攪拌棒）一口氣把所有材料全部拌勻，更省時省力。

如果還想更輕鬆一點，連OREO餅乾都可以省略（雖然這麼一來，就和標題的口味背道而馳了），把麵糊倒入容器裡，作成固態狀的杯子點心即可。因為不需要從模型內取出，所以可以加入些許牛奶或少量的吉利丁，變成柔滑有彈性的口感也不錯。再加上一點新鮮水果或果醬，味道更棒哦！

材料（直徑15cm的掀底式圓形模型1個份）

起司麵糊

- 奶油起司（Cream Cheese）　150g
- 原味優格　150g
- 鮮奶油　80ml
- 細砂糖　50g
  - 吉利丁粉　5g
  - 水　2大匙
- 檸檬汁　½大匙
- 橙酒（君度橙酒或其他）　½大匙

蛋糕底座

- OREO餅乾（不含夾心）　65g（約10組）
- 無鹽奶油　30g

裝飾用鮮奶油、覆盆子、薄荷葉、糖粉　各適量

前置準備

+ 奶油起司置於室溫下回溫。
+ 吉利丁粉以同份量的水泡開，備用。

作法

1. 製作蛋糕底座。把OREO餅乾裝入塑膠袋內，以擀麵棍搗碎後搖晃均勻，待餅乾變成細碎狀後倒入鋼盆裡。加入以微波爐加熱融化後的奶油，全部拌勻成濕潤狀。把濕潤的餅乾碎屑均勻鋪在模型底部，再以湯匙的背面把餅乾壓實後，放入冰箱備用。
2. 製作起司蛋糕。在鋼盆裡放入已經在室溫下軟化的奶油起司，以打蛋器攪拌至柔滑的乳霜狀，再加入細砂糖和鹽，全部拌勻。然後依序加入優格→鮮奶油→橙酒→檸檬汁→香草精，每加入一種材料，都同時攪拌均勻（使用電動攪拌棒依序拌勻也可以）。把泡開的吉利丁粉以微波爐加熱幾秒溶化後，一起加入拌勻。
3. 以濾網過篩後，倒入步驟1的模型裡，蓋上保鮮膜後放入冰箱冷藏至少2小時，冷卻固定。
4. 如果想加上裝飾，可以把鮮奶油打發，裝入剪去一角的塑膠袋內，擠在蛋糕的表面上。也可以依喜好添加覆盆子、薄荷、糖粉點綴。

雙手將餅乾從中間分開後，
以刮刀取下中間的夾心奶油即可。
不過，沒有吃掉的奶油滿浪費的，
不擔心身材走樣的人，
可以把奶油和別的餅乾夾在一起享用。

在材料裡加入少許牛奶，
質地變得較為濕滑後，
倒入杯子裡冷卻凝固後，
也是另一種點心。
因為是口感淡雅的生起司，
搭配果醬一起享用，
反而能突顯果醬的香甜。

OREO起司蛋糕

我喜歡用McVitie's的消化餅來作起司蛋糕的底座，有時也會想做出黑白分明的對比色，這時就會改用OREO餅乾來製作。

今天我有了新想法，把平時拿來作底座的OREO餅乾，搗碎後混在起司蛋糕材料裡，想試作一下挑戰版，就像冰淇淋的餅乾口味一樣。「不曉得好不好吃呢？」一邊試作，心也一邊怦怦跳著，沒想到成果意外獲得好評，真是個令人開心的新發現。起司味柔軟香濃的蛋糕裡，吃得到略有苦味的黑色OREO餅乾。完美的相互交融，新鮮又有趣。

也可以藉由調整餅乾搗碎時的大小、份量，作出不同的外觀和口感，趣味十足。這款蛋糕採用的是與前幾頁幾款基本烤起司蛋糕完全相反的作法，應該算是變化版的OREO起司蛋糕。在製作點心感到疲乏時，這款蛋糕能具有提振心情的作用，偶爾作一下也挺不錯的喲！

材料（16×16cm的方形模型1個份）
奶油起司（Cream Cheese）　120g
酸奶油（Sour Cream）　150g
鮮奶油　100ml
細砂糖　50g
雞蛋　1個
低筋麵粉　10g
檸檬汁　1小匙
鹽　1小撮
香草精　少許
OREO餅乾（除去夾心）　35g（約5組）

前置準備

+ 奶油起司和雞蛋置於室溫下回溫。
+ OREO餅乾放入塑膠袋內，以擀麵棍粗略搗碎。
+ 烤盤內鋪上烘焙紙。
+ 烤箱以160℃預熱。

作法

1. 鋼盆內放入已軟化的奶油起司，以打蛋器攪拌成柔滑的乳霜狀，再加入細砂糖和鹽，全部拌勻。
2. 在步驟1裡依序加入酸奶油→打散的蛋液→鮮奶油→過篩後的麵粉→檸檬汁和香草精，每加入一樣材料時都要仔細攪拌均勻（或以電動攪拌棒或食物調理機，依序拌勻也可以）。
3. 以濾網過篩麵糊後，倒入另一個鋼盆裡，再加入搗碎的OREO餅乾，以矽膠刮刀整體拌勻。
4. 把麵糊倒入模型內，整平表面，以160℃烤箱烤約45分鐘。出爐後放涼，待不燙手後連同模型一起放入冰箱冷藏，徹底冷卻後，切成每塊約8×2cm大小。烤好後隔天享用風味最佳，建議提前一天製作。

略帶苦味的黑巧克力餅乾，
配上香草奶油夾心，
大人小孩都喜歡的OREO餅乾。
每次以它來作點心的時候，
我都會忍不住一片接一片地送進嘴裡……

把刮去夾心的OREO餅乾
放進塑膠袋裡，
以擀麵棍輕輕敲碎。
餅乾的碎片大小沒有一定，
粗一點或細一點都可以。
OREO的份量和碎片大小
請自由發揮吧！

作成長條狀的起司蛋糕，
最受歡迎的包裝方式就是像圖片中的樣子，
以紙卷起來後，
前後二端像糖果一樣轉起來，
雖然不是什麼特殊的包裝，
但我覺得這樣最簡單又可愛。

黑豆起司蛋糕

這幾款起司蛋糕，都是以一個鋼盆就能完成的輕鬆系列。起司和黑豆、黑豆和薑是很對味的組合，試著把這三種素材揉合成一款起司蛋糕。得到的評價比我想像中好許多，不過，試吃大隊裡不喜歡薑味的成員提出一個建議「如果蛋糕底座裡以芝麻替代薑粉，應該會更好吃」。於是，我在製作芝麻口味的蛋糕底座時，把原本的薑粉，換成黑或白的炒熟芝麻、芝麻粉，在同樣的步驟裡加入。份量大約是½大匙至1大匙，請依各位的喜好增減。依照這個概念，只要混入不同的食材就能作出不同口味的底座，相當有意思，不過不添加任何食材，作出單純原味的底座當然也很好吃哦！

煮得圓滾晶亮的黑豆，市面上都買得到。如果是在日本過年期間製作這款蛋糕，當然就使用年菜中的黑豆即可。除了黑豆以外，還可以加上切得跟黑豆顆粒一樣大小的糖煮栗子，同時散布其中，兩種不同的色彩真是漂亮。作這個口味時，我認為與原味底座最對味。由於這款起司蛋糕的酸味、甜味都很溫和，大家可以試著把想得到的食材都混合看看，若能作出屬於你自己原創口味的起司蛋糕，我會很開心。

材料（直徑16cm的掀底式圓形模型1個份）

起司麵糊

- 奶油起司（Cream Cheese） 180g
- 酸奶油（Sour Cream） 100g
- 鮮奶油 120ml
- 細砂糖 75g
- 雞蛋 2顆
- 玉米粉 2大匙
- 檸檬汁 ½大匙
- 鹽 1小撮

現成的糖煮黑豆 約100g

蛋糕底座

- 消化餅 70g
- 無鹽奶油 35g
- 薑粉 1小匙

前置準備

+ 奶油起司和雞蛋置於室溫下回溫。
+ 由於以隔水加熱方式烘焙，請先在模型底部鋪上鋁箔紙。
+ 烤箱以160℃預熱。

作法

1. 製作蛋糕底座。把餅乾裝入塑膠袋內，以擀麵棍搗碎後搖晃均勻，待餅乾變成細碎狀後，倒入鋼盆裡。加入以微波爐加熱融化後的奶油，全部拌勻成濕潤狀。把濕潤的餅乾碎屑均勻鋪在模型底部，再以湯匙的背面把餅乾壓實後，放入冰箱備用。
2. 製作起司麵糊。在鋼盆裡放入奶油起司，以打蛋器攪拌至柔滑狀，再加入細砂糖和鹽，全部拌勻。
3. 依序在步驟2裡加入酸奶油油→打散的蛋液→鮮奶油→玉米粉（過篩）→檸檬汁→香草精，每加入一項材料都要攪拌均勻（可以電動攪拌棒或食物調理機依序拌勻也可以）。
4. 在模型的底部撒上黑豆，攪拌完成的麵糊過濾後倒入模型內，再把模型放在烤盤上，送入烤箱。在烤盤內注入熱水，高度為模型的⅓即可。以160℃的烤箱隔水加熱烘焙約50分鐘（中途若烤盤內的水蒸發完，請再補充）。出爐後，冷卻至不燙手的程度，連同模型整個放入冰箱冷藏，徹底冷卻。隔天享用風味最好，建議提前一天製作。

這是我在製作起司蛋糕的底座時，
不可或缺的McVitie's的消化餅。
若是買到夾心口味，
只要以刮刀把中間的奶油夾心刮下即可。

薑粉清爽的辣味中也能嚐到些許甜味。
輕輕撒上一點，
就能替紅茶或點心增添不同的風味。
薑粉和紅糖或黑糖也很對味，
我會在製作鄉村風味的點心時，
時常以薑粉來增加不同的變化。

舒芙蕾風起司蛋糕

僅管我作過許多不同口味的起司蛋糕，唯獨這一道是讓我作得安心、吃得安心，也送得安心。不加鮮奶油、酸奶油、檸檬汁，讓這款蛋糕吃起來有著淡淡的懷舊滋味。食譜裡的材料份量也調整得相當好記，甚至有朋友逗趣地為它取了暱稱，稱為「2&5的起司蛋糕」。

麵糊裡加了蛋白糖霜而增添了蓬鬆度，雖然使用隔水加熱的方式烘烤能作出濕潤扎實的口感，不過在這裡我特別以一般方式烘焙。成品口感正是我想要的剛剛好的濕潤程度，是一道樸素不花俏的點心。

因為沒有使用什麼特別的材料，所以作法很簡單。雖然它的美味程度並非精雕細琢的細緻點心，但卻有著令人放鬆的溫潤滋味。是一道一般家庭都能製作的基本點心食譜。無論你是起司蛋糕的愛好者，或不怎麼喜歡起司蛋糕的人，都請務必嘗試。

材料（直徑16cm的掀底式圓形模型1個份）
奶油起司（Cream Cheese）　120g
無鹽奶油　20g
原味優格　50g
牛奶　50ml
細砂糖　55g
蛋黃　2顆
蛋白　2顆份
低筋麵粉　20g
鹽　1小撮
香草精　少許
裝飾用糖粉　適量

前置準備
+ 奶油起司和奶油置於室溫下回軟。
+ 模型內鋪上烘焙紙。
+ 烤箱以160℃預熱。

作法
1 在鋼盆內放入已在室溫下軟化的奶油起司和奶油，用打蛋器攪拌成柔滑的乳霜狀，再加入一半份量的細砂糖和鹽，全部拌勻。
2 在容器內依序放入蛋黃（一顆一顆分開加入）→優格和牛奶→低筋麵粉（過篩後加入）→香草精，每加入一項材料都仔細攪拌均勻後，以濾網過篩，把拌勻後的麵糊倒入步驟1的鋼盆內（以電動攪拌棒或食物調理機依序拌勻也可以）。
3 另取一個鋼盆，放入蛋白，再把剩餘的細砂糖慢慢地加入蛋白裡，同時打發起泡，作成柔滑如絲緞般落下程度的蛋白糖霜。
4 在步驟2的鋼盆裡放入⅓份量步驟3的蛋白糖霜，以打蛋器以畫圓的方式攪拌均勻。再加入剩餘的糖霜，以矽膠刮刀俐落地混合均勻即可。
5 完成後的麵糊倒入模型內，輕輕搖晃一下，整平表面，以160℃烤箱烤約45分鐘。出爐後，冷卻至不燙手的程度，連同模型放入冰箱冷藏，徹底冷卻後，再依喜好撒上糖粉。隔天享用風味更佳，建議提前一天製作。

這是我很喜歡的起司外包裝盒。
心想，如果都蒐集起來不知道有幾款？
光是看著房間一角堆著這些外盒的景象，
心情就輕鬆愉快了起來。
除了圖中的，
我還有很多哦！

Kiri的奶油起司，
口味溫和容易入口，
在烘焙材料行裡可以找到
1kg的大包裝，
在一般超市裡則可以找到
小份量的包裝。

罌粟籽檸檬舒芙蕾起司蛋糕

這是同時能吃到檸檬的香味和酸味、口味清爽的舒芙蕾風起司蛋糕。材料中使用蛋白糖霜，打發成有如緞帶落下的細緻柔滑程度後，再與起司麵糊混合。若是隔水加熱烘焙，出爐結果口感濕潤；若是以一般烤箱直接烘烤，口感則變得鬆軟。你試試看不同的烘焙方法，感受一下不同的口感變化。

本來覺得這款蛋糕的最大賣點就是「罌粟籽顆粒在口中彈跳而刺激味蕾」，沒想到居然有個人說「這個顆粒口感不討喜耶」。那個人，就是我老公。像罌粟籽、無花果乾這類有著顆粒彈跳口感才有趣的食材，似乎不少男生並不太領情，明明就很好吃啊…

雖然這麼說，自己喜歡的東西被別人否定總是有點落寞，不過我也有不喜歡的食材，所以好像也不是不能理解。每個人的嗜好、口味，100個人就會有100種不同的意見。所以作點心的時候，要想著吃的人臉上露出滿心歡喜的笑容，作出對方喜歡的食物來。這也是手工製作才能有的樂趣呢！

材料（21×8×6 cm的磅蛋糕模型1個份）
奶油起司（Cream Cheese） 50g
酸奶油（Sour Cream） 30g
無鹽奶油 20g
細砂糖 35g
低筋麵粉 30g
蛋黃 1顆
蛋白 2顆份
鮮奶 50ml
黃檸檬皮刨絲 1顆份
罌粟籽 1大匙
檸檬汁 ½大匙
橙酒（君度橙酒或其他） ½大匙
鹽 1小撮

+ 奶油起司、酸奶油、奶油，置於室溫下回溫。
+ 模型內鋪上烘焙紙。
+ 烤箱以150℃預熱。

作法

1 在鋼盆內放入已在室溫下軟化的奶油起司和奶油，以打蛋器攪拌成柔軟的乳霜狀。再依序加入酸奶油→蛋黃→過篩後的低筋麵粉→檸檬汁→橙酒，每加入一項食材時都要仔細混合均勻（以電動攪拌棒或食物調理機依序拌勻也可以）。
2 在步驟1裡加入微波加熱過後的鮮奶攪拌均勻，以濾網過篩後，再加入黃檸檬皮絲和罌粟籽後，全部拌勻。
3 另取一鋼盆，放入蛋白，把細砂糖和鹽慢慢地加入蛋白內，同時利用電動攪拌器打發起泡，完成柔軟蓬鬆接近液態狀的蛋白糖霜。把糖霜倒入步驟2裡，再以矽膠刮刀整體攪拌至柔滑狀即可。
4 把步驟3倒入模型內，輕輕搖晃一下，整平表面，放入烤盤，送進烤箱。在烤盤內注入熱水至模型的⅓高度，以150℃烤箱隔水加熱，烘烤約45分鐘（中途若烤盤內的水蒸發完，請再補充）。出爐後，冷卻至不燙手的狀態，連同模型一起放入冰箱內冷藏，徹底冷卻。隔天享用風味最佳，建議提前一天製作。

圖中可愛又好吃的黑色顆粒，
就是藍罌粟籽（Blue Poppy Seed）。
我個人覺得，比起香味或口味，
它的造形和口感才是材料最有意思的地方。

舒芙蕾起司蛋糕

有一種類型的模型，是在點心烤好出爐後，可以直接當成禮物送人，真的很方便。不需特別的前置準備工作，烤好後也不用從模型中把點心取出，甚至連清洗的步驟都可以省去，在製作點心的過程裡，真的感到無比輕鬆。就算不是烤來當成禮物而是自己享用，一旦覺得「好懶得作那些準備工作哦」或「真不想事後還要洗洗刷刷」時，我自然而然地就會想使用這類模型，

例如這份食譜中所使用的鋁箔製的模型，不但隔水加熱的效果優異，淋上滾燙的焦糖醬也很OK，當我想送人原味口味的點心時，多半都會使用這種模型。不過，若是希望收禮的人在享用完點心後還能繼續利用盛裝的容器，選用陶器材質的模型進行烘焙也不錯。只是，在這種情況下，就得挑選收禮對象會喜歡的容器造型才行了呀……

至於包裝時所使用的材料，我不會特別購買，而是把過去收到的包裝紙、空盒留著，盡量再利用。我相信，即使是重複使用的包裝，只要模樣可愛，收到的人一樣會很開心，不是嗎？由於個人特別偏愛起司的包裝盒，其實好想跟收禮的人多說一句：「如果你不想要，可以再還給我嗎？」（笑）

材料（直徑6cm的鋁箔烤杯5至6個份）
奶油起司　160g
無鹽奶油　20g
細砂糖　55g
蛋黃　2顆
蛋白　2顆份
牛奶　60ml
玉米粉　1大匙
檸檬汁　½大匙
裝飾用糖粉　適量

前置準備
+ 奶油起司和奶油置於室溫下回軟。
+ 烤箱以160℃預熱。

作法

1. 在鋼盆內放入奶油起司和奶油後，以打蛋器攪拌至柔滑乳霜狀，再依序加入以下材料：牛奶（一點一點地倒入）→蛋黃（一顆一顆分別加入）→檸檬汁→玉米粉，每加入一種材料都要仔細攪拌均勻。以濾網過篩後，靜置於鋼盆內。
2. 另取一鋼盆，放入蛋白，再慢慢加入細砂糖的同時打發起泡，直到攪拌成蛋白糖霜的黏稠度呈現出撈起時像緞帶般連續不斷落下的狀態即可。
3. 在步驟1的鋼盆裡放入⅓份量步驟2的蛋白糖霜，再以打蛋器以畫圓的方式拌均。然後，再把剩餘的蛋白糖霜全部加入鋼盆內，以矽膠抹刀快速而俐落地混合均勻。
4. 把完成後的材料倒入模型內，再把模型平均置於烤盤上。在烤盤內注入模型⅓高度的熱水，以160℃烤箱隔水加熱，烘烤約20分鐘。待蛋糕膨脹並且略呈金黃色，即大功告成。出爐後，冷卻至不燙手的程度，即可放入冷藏，使其徹底冷卻。烤好後隔天享用風味最佳，建議提前一天烘焙。吃的時候可隨喜好撒上糖粉。

也可以用磅蛋糕模型來烤哦！
食譜的份量適用於21×8×4cm的鋁箔磅蛋糕模型2個，
烘焙時間約為30至40分鐘。
使用鋁箔製的模型，內側無需塗抹任何東西，
若使用一般的磅蛋糕模型，
要記得在內側先薄塗上一層奶油哦！

因為我對起司的包裝盒毫無招架之力，
時常為了包裝就買下整個商品。
有時，起司專賣店會把空的包裝盒單獨販售，
這時就是我購入的大好時機！

焦糖大理石起司蛋糕

起司蛋糕配上焦糖口味，簡直是絕配！除了可以把焦糖醬徹底和起司麵糊融合外，也可以作成大理石花紋，為視覺效果加分。每次作大理石花紋時，最後的結果往往都不相同，是它最有趣之處；沒有特別的技巧卻看起來像很厲害的樣子，也很令人開心。正因如此，我對大理石花紋總是欲罷不能。

先撇開大理石花紋不談，這個口味的起司蛋糕，可以加入以焦糖醬煮過的水果（當然也可以是非焦糖醬的水果），也相當對味。這款蛋糕的起司是屬於濃厚而非輕爽的口感，所以和帶有酸味的水果很適合。要烤自家用的蛋糕時，不想端出太費工夫的中空式模型，我會選擇小型的烤杯或大型的耐熱容器，在底部放上焦糖醬煮蘋果片，再倒入起司麵糊後，送入烤箱即可。

材料（直徑16cm的掀底式圓形模型1個份）

起司麵糊

- 奶油起司　200g
- 酸奶油　50g
- 細砂糖　70g
- 雞蛋　1顆
- 蛋黃　1顆
- 鮮奶油　100ml
- 低筋麵粉　1大匙
- 鹽　1小撮
- 香草精　少許

焦糖醬（完成後使用50g即可）

- 細砂糖　75g
- 水　½大匙
- 鮮奶油　100ml

蛋糕底座

- 消化餅乾　70g
- 無鹽奶油　30g

前置準備

+ 奶油起司、酸奶油、雞蛋，置於室溫下回溫。
+ 為了隔水加熱烘烤，請在模型底部鋪上鋁箔紙。
+ 低筋麵粉過篩備用。

作法

1 首先製作焦糖醬。在小鍋內放入細砂糖和水，以中火加熱，不要搖晃鍋子，待其全部溶化。等到糖水邊緣開始上色後，輕輕搖晃鍋子，使顏色混合均勻，待鍋內的焦糖醬煮至喜好的棕色後熄火。鮮奶油以微波爐或另一小鍋加熱後，慢慢倒入焦糖醬（小心注意噴濺），再以木匙仔細攪拌均勻，之後放涼備用。烤箱以160℃預熱。

2 接著製作蛋糕底座。把消化餅乾放入塑膠袋內，以擀麵棍敲碎或翻轉塑膠袋的方式，把餅乾搗碎後，放入鋼盆內。加入以微波爐加熱後融化的奶油，把餅乾和奶油攪拌混合成濕潤狀後，仔細地鋪在模型底部，不留空隙。再以湯匙背面壓實整型後，放入冰箱冷藏備用。

3 最後製作起司麵糊。在鋼盆內放入奶油起司，以打蛋器攪拌成柔滑乳霜狀，再加入細砂糖和鹽，全部拌均。然後依序加入酸奶油→已打散的雞蛋＋蛋黃→鮮奶油＋香草精→低筋麵粉，每加入一種材料都要仔細攪拌均勻（利用電動攪拌棒或食物調理機依序拌勻也可以）。

4 以濾網過篩後，倒入另一鋼盆內，再加入焦糖醬，稍微粗略地攪拌個2至3次，作出大理石花紋（若攪拌太細，大理石花紋就出不來囉）。

5 把麵糊倒入模型內，放入烤盤後送進烤箱。在烤盤內注入約模型⅓高度的熱水，以160℃隔水加熱烤約50分鐘（中途若烤盤內的水蒸發完，請再補充）。出爐後，待冷卻至不燙手的程度，連同模型一起放入冰箱冷藏，徹底冷卻。烤好後隔天享用風味最佳，建議提前一天烘焙。

黑芝麻大理石起司蛋糕

我有15cm、18cm和21cm這三種尺寸的方形模型，其中最好用的還是15cm。不但能烤出可愛的正方形，而且分切的時候份量也恰恰好。製作起司蛋糕、奶油蛋糕、布丁、麵包時，都可派上用場。

以正方形模型作出來的烤起司蛋糕，拿取和食用都很方便，甚至可以切成時髦的長條狀；不過這幾年我最喜歡也最常作的，是切成小方塊狀。每塊小蛋糕切成2至3cm的方塊，以竹籤或叉子就可以方便地送入口中。像牛奶糖一樣可愛的方塊造形，如同小零食般隨時都能享用，是它獨有的魅力。

由於我很喜歡芝麻，所以除了「黑芝麻餅乾」之外，隨處可見在點心中使用芝麻的蹤影。無論是作點心或作菜時，都愛用山田製油的芝麻製品。那股自然散發的芝麻香味，真的好誘人。若是有炒熟芝麻，只要以磨芝麻器就能磨出細芝麻粉；只要以電動攪拌器，就能作出芝麻醬。不過我因為習慣了「想用就有」的方便性，所以炒熟芝麻、細芝麻、芝麻醬就成了家中常備的材料。

材料（15cm×15cm正方形模型1個份）

起司麵糊

- 奶油起司　120g
- 鮮奶油　100ml
- 酸奶油　50g
- 雞蛋　1顆
- 蜂蜜　2大匙（40g）
- 低筋麵粉　2大匙
- 鹽　1小撮
- 香草精　少許
- 黑芝麻醬　1大匙

蛋糕底座

- 消化餅　65g（約7片）
- 無鹽奶油　30g

前置準備

+ 奶油起司、酸奶油、雞蛋，置於室溫下回溫。
+ 模型內鋪上烘焙紙。

作法

1 首先製作蛋糕底座。把消化餅乾放入塑膠袋內，以擀麵棍敲碎或翻轉塑膠袋的方式，把餅乾搗碎後，放入鋼盆內。加入以微波爐加熱後融化的奶油，把餅乾和奶油攪拌混合成濕潤狀後，仔細地鋪在模型底部，不留空隙。再以湯匙背面壓實整形後，放入冰箱冷藏備用。烤箱以160℃預熱。

2 接著製作起司麵糊。在鋼盆內放入已軟化的奶油起司，以打蛋器攪拌成柔滑乳霜狀，再加入蜂蜜和鹽，全部拌均。然後依序加入酸奶油→已打散的蛋液→鮮奶油→過篩後的低筋麵粉→香草精，每加入一種材料都要仔細攪拌均勻（利用電動攪拌棒或食物調理機依序拌勻也可以）。

3 以濾網過篩後，取¼份量的麵糊至於另一鋼盆內，再混入芝麻醬，作成黑色的麵糊。

4 把原味的麵糊倒入步驟1的模型內，再把黑色麵糊均勻地加上，再以筷子或竹籤在麵糊中畫圓，作出大理石花紋。以160℃烤箱烤約45分鐘，取出後冷卻至不燙手的程度後，連同模型整個放入冰箱冷藏，徹底冷卻。烤好後隔天享用風味最佳，建議提前一天烘焙。

山田製油公司出品的黑芝麻醬，香濃黏稠，口感相當滑潤。和蜂蜜混合後作成的抹醬，可以用來作漩渦麵包。購買小瓶包裝，就可以趁新鮮使用完畢。

以小型的烤杯來烘烤也很可愛。圖片中的版本是經由隔水加熱方式烘烤的，口感柔軟而濕潤。

咖啡大理石舒芙蕾風起司蛋糕

把起司麵糊用牛奶稀釋過後，和鬆軟的蛋白糖霜混合，不以隔水加熱的方式烘焙，也能烤出蓬鬆又可愛的樣子。口感輕爽的起司麵糊，混入了添加利口酒的即溶咖啡，作成大理石花紋。顏色對比明顯的大理石圖案當然很清晰漂亮，不過稍微有點曖昧不明的混沌大理石圖案，也挺可愛的。就像用可可麵糊和巧克力麵糊所混合出來的大理石花紋，雖然猛一看並不能立刻發現那就是圖案，不過這種「有點像又不太像」的點心反而更讓我喜歡啊（笑）。

有個名為「TRABLIT濃縮咖啡液」的甜點專用材料，是濃縮咖啡的精華，似乎不太常見到。但因為它有著強烈的咖啡香，所以當我想製作香氣誘人的咖啡口味的點心時，就會用上它，是很方便的材料之一。最近在烘焙材料行越來越容易找到了。至於製作那些不使用特殊材料的家常點心時，會嘗試一些新的或特別的素材。發掘陌生材料的可能性，也是發掘新口味的契機。我期許自己能時常保有對於美味食物的雷達及好奇心，敏銳且感性。

材料（直徑15cm的掀底式圓形模型1個）
奶油起司　150g
無鹽奶油　30g
牛奶　60ml
細砂糖　50g
蛋黃　2顆
蛋白　2顆份
低筋麵粉　2大匙
鹽　1小撮
香草精　少許
即溶咖啡粉　1大匙
咖啡酒　1小匙

前置準備
+ 奶油起司和無鹽奶油，置於室溫下回軟。
+ 把即溶咖啡粉溶解在咖啡酒裡（以微波加熱數秒，可以幫助溶解）。
+ 模型內鋪上烘焙紙。
+ 烤箱以160℃預熱。

作法

1. 鋼盆內放入已在室溫軟化後的奶油起司和無鹽奶油，以打蛋器攪拌成柔軟的乳霜狀，再加入一半份量的細砂糖、鹽，全部拌勻。接著依序加入蛋黃→牛奶→過篩後的低筋麵粉→香草精，每加入一種材料都要仔細攪拌均勻（利用電動攪拌棒或食物調理機依序拌勻也可以）。以濾網過篩後，備用。
2. 另取一鋼盆，放入蛋白，再慢慢加入剩餘的細砂糖，同時以電動攪拌器打發起泡，作出撈起時連續不斷落下的蛋白糖霜。把完成的糖霜的⅓量加入步驟1的鋼盆內，以打蛋器以畫圓的方式整體拌勻後，再把剩餘的糖霜全部倒入，以矽膠刮刀攪拌至柔滑狀。
3. 取出完成的麵糊的¼份量，和咖啡液混合，作成咖啡口味麵糊。
4. 先把原味麵糊倒入模型內，再把咖啡麵糊倒在表面上，以竹籤或筷子畫出大理石花紋。160℃烤箱烤約45分鐘，取出後冷卻至不燙手的程度，連同模型整個放入冰箱冷藏，徹底冷卻。烤好後隔天享用風味最佳，建議提前一天烘焙。

以竹籤或筷子在麵糊裡來回畫圓，
就可以作出大理石花紋。
或不以來回畫圓的方式，
直接把咖啡麵糊隨意地倒在原味麵糊的表面，
圖案也滿有趣的。

即溶咖啡粉和咖啡酒
（圖片左方）。
咖啡酒我愛用的品牌是
KAHLUA。
除了作點心之外，
在炎熱的夏天夜晚，
我也會加一點點在冰的
咖啡歐蕾裡享用。

這是來自法國的極濃咖啡液，
TRABLIT公司所生產的
EXTRAIT DE CAFÉ。
有了它，就可以輕鬆地把蛋糕的麵糊或奶油，
變身成咖啡口味。

莓果白起司蛋糕

以略微清爽鬆滑的蛋白糖霜增添細緻輕盈的口感，是這款起司蛋糕吃起來香濃柔軟的祕訣。使用陶器材質的耐熱容器，先預熱過，再以隔水加熱的方式於有水氣的環境下慢慢烘烤。出爐放涼後，在表面覆蓋上一層輕柔的發泡鮮奶油，味蕾能夠同時品嚐到兩種不同的口感。蛋糕主體麵糊裡有莓果，完成後的表面裝飾也有一圈莓果，滋味上兼具了甜味與酸味，視覺上兼具了雪白與寶石紅。不僅是點綴，更是完美的對比。

妝點蛋糕時另外加上檸檬香蜂草（Lemon Balm）。在我家院子某個漫不經心的角落裡，檸檬香蜂草長得枝葉茂密。幾年前開始，為了製作甜點，希望在有需要時就能隨手取得新鮮現摘的香草葉，所以種了檸檬香蜂草和薄荷葉。我把檸檬香蜂草直接種在泥土地上，無論怎麼整理除草，只要一個不留心，它馬上又冒出一堆來，旺盛的生命力總讓我驚嘆。遇到逆境絕不輕易認輸，如此這般韌性十足的雜草精神，也讓我獲益良多呢！所以，我也應該不屈不撓並堅強認真地生活才是（笑）。

材料（直徑18cm×深度4cm的耐熱器皿1個份）
奶油起司　150g
鮮奶油　50ml
牛奶　80ml
糖粉　50g
蛋黃　1顆
蛋白　1顆份
玉米粉　1大匙
檸檬汁　½大匙
鹽　1小撮
香草精　少許
冷凍綜合莓果　80g
裝飾用鮮奶油　80ml
裝飾用莓果、檸檬香蜂草、糖粉　各適量

前置準備
+ 奶油起司置於室溫下回軟。
+ 烤箱以150℃預熱。

作法

1. 鋼盆內放入已在室溫軟化後的奶油起司，以打蛋器攪拌成柔軟的乳霜狀，再加入一半份量的糖粉、鹽，全部拌勻。接著，依序加入蛋黃→牛奶→鮮奶油→過篩後的玉米粉→檸檬汁→香草精，每加入一種材料都要仔細攪拌均勻（利用電動攪拌棒或食物調理機依序拌勻也可以）。以濾網過篩後，備用。
2. 另取一鋼盆，放入蛋白，再慢慢加入剩餘的糖粉，同時以電動攪拌器打發起泡，作出撈起時如緞帶般連續不斷落下的蛋白糖霜。完成的糖霜取⅓份量加入步驟1的鋼盆內，以打蛋器以畫圓的方式整體拌勻後，再把剩餘的糖霜全部倒入，以矽膠刮刀拌勻至柔滑狀。
3. 把完成好的麵粉倒入器皿內，隨意撒上綜合莓果。把器皿放上烤盤，送入烤箱，在烤盤內注入至器皿⅓高度的熱水，以150℃烤約45分鐘（中途若烤盤內的水蒸發完，請再補充）。出爐後，置於器皿內待涼。
4. 另取一鋼盆，放入鮮奶油，打發起泡，直到以打蛋器撈起後，鮮奶油可以連續不斷地垂落，且落下後不留痕跡的程度。把完成後的鮮奶油倒在步驟3上，輕輕地左右傾斜器皿使鮮奶油表面平均，再放入冰箱徹底冷卻。食用之前，可依喜好點綴上自己喜歡的莓果、檸檬香蜂草（或薄荷葉），撒上糖粉即可。

圖為透過隔水加熱方式，
在濕潤環境下所烘焙出來的蛋糕質感。
送進烤箱前沉在麵糊底下的莓果，
出爐後也悄悄地探出頭來打招呼。

這是冷凍綜合莓果。
裡面混合了有覆盆子、藍莓、
黑嘉麗、美國櫻桃、紅醋栗。

關於材料　2　甜度／巧克力／添加香氣的材料

在腦中想像著完成後的點心味道，憑著感覺選擇適合搭配的砂糖，是個愉悅過程。這一點，在其他的材料上也同樣適用。蜂蜜、巧克力、調香的材料，偶爾不妨以遊戲的心情多加嘗試看看。

+ 甜度

細砂糖（超細砂糖）

無雜味、無雜質的砂糖。砂糖可以用來維持蛋液的泡沫、支撐麵糊、烘焙過程中產生漂亮的顏色、保濕、延長點心享用期間……等，具有許多好處。顆粒越細的砂糖，使用時也更容易和其他的材料混合，一旦用過就很難不愛上它。

蔗糖／黑糖

滋味天然純樸的是庶糖，風味濃醇獨特的則是黑糖。這類較天然的砂糖，由於使用起來容易沉澱在麵糊下方，可以和細砂糖合併使用，能夠提升蛋液泡沫的持久度，效果就像用了泡打粉一樣。

糖粉

把細砂糖再度精製磨成粉後，就變成糖粉。容易溶解、融合，不但能讓點心的製作過程更順暢，也能讓完成後的點心擁有滑順且清爽的口感。請選用沒有添加玉米粉的純糖粉來使用哦！

蜂蜜

蜂蜜可以讓點心出爐後帶有光澤感、增添風味、讓點心濕潤又軟柔。不過，依據種類的不同，口感和甜度的差異極大，請依想作的甜點風格選擇適合的蜂蜜。洋槐蜜、蓮花蜜，都屬於口味溫和大眾化的蜂蜜。

紅糖／楓糖

需要增加或調整甜度時，這兩種天然的糖都很方便。紅糖的精製度較低，屬於口味溫和的褐色砂糖。楓糖則是以楓樹樹液所作成的砂糖。

+ 添加香氣的材料

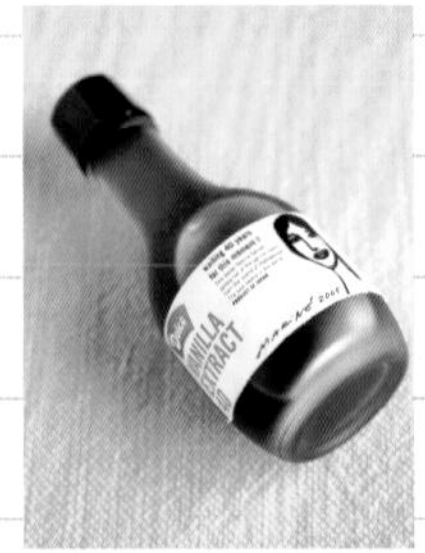

香草精

除了有些食譜一定得用上香草籽之外，一般使用香草精就很足夠了。圖為NARIZUKA公司生產的香草濃縮精華。溫潤自然的口感，散發出香草的甜香。冰涼或溫熱的點心都適用。

+ 巧克力

巧克力

沒有添加其他成分的烘焙專用的巧克力，是最好吃的。如果製作的點心需要把巧克力先溶化後再使用，我會選用Callebaut公司生產的片狀巧克力，不需切開即可使用。如果需要巧克力碎片時，則選用Valrhona公司的板塊狀巧克力。

利口酒類

利口酒能增添甜點的風味或香氣，也能凸顯材料原本的味道。蘭姆酒、橙酒，和許多材料的特色都很搭配，使用機率很頻繁，幾乎不能沒有它。只要多加嘗試組合，相信你也能找到最喜歡的搭配方式。

part 2

瑞士卷

把鬆軟濕潤、柔韌有彈性的海綿蛋糕，捲成俏皮的漩渦狀，

中間還夾了入口即化的香甜奶油。

在數也數不清的甜點種類裡，如果要我選出一種永遠都烤不膩的甜點，

我想，就算再怎麼猶豫不決，最後應該還是會選擇瑞士卷。

無論是製作過程、享用的時刻，以及端上桌和大家分享的畫面；

對我來說，無論作多少瑞士卷都覺得很開心，

是一款無論何時都能以新鮮的心情面對它的點心。

原味瑞士卷

我所作的瑞士卷裡，最基本也是基礎的就是原味瑞士卷。雖然僅僅使用麵粉、雞蛋和砂糖作出海綿蛋糕，毫無難度也沒有特色，可是卻能把它烤得蓬鬆、濕潤、細緻而有彈性，就像模範生般地優秀！也正因為是沒有其他素材的純樸原味，請選用精緻的材料來製作，才能細細品嚐它的好滋味。只要在製作過程中，把每一個步驟都仔細地完成，最後一定會好吃。

很多人都會問我：「把瑞士卷捲得漂亮有什麼訣竅？」我想回答，如果真的有祕訣，請一定要告訴我！（說真的，我曾經認真地思考過呢！）其實，每次為甜點拍照時，都把不平整的部分藏了起來，特意選過角度才拍照；就連圖中的瑞士卷也一樣，沒拍到的那一面，其實有許多小瑕疵呢（笑）！

由於我是用這種偷吃步的方式，若真要問我，我想最重要的就是讓出爐的海綿蛋糕在沒有乾燥前就徹底冷卻才行。只要冷卻至不燙手的程度，蓋上烘焙紙或保鮮膜，繼續放涼即可。再者，就是在預計塗抹奶油的那一面蛋糕上，與捲起的方向平行，每間隔2cm就輕輕地畫上一刀。還有就是，切忌貪心一口氣塗太多奶油或放太多水果。我想最重要的，還是多作多捲，自然就會上手了。我想這點無疑是最重要的，我自己也仍在捲蛋糕這條路上日益精進中，一起努力練習吧！

材料（30×30cm的烤盤一個份）

海綿蛋糕麵糊

- 低筋麵粉　60g
- 細砂糖　90g
- 雞蛋　4顆

奶油夾心

- 鮮奶油　150ml
- 細砂糖　½大匙
- 蘭姆酒（個人喜好的酒類）　1小匙

前置準備

+ 雞蛋置於室溫下回溫。
+ 烤盤內鋪上烘焙紙（或白報紙）。
+ 低筋麵粉過篩備用。
+ 烤箱以180℃預熱。

作法

1 首先製作海綿蛋糕。鋼盆內放入雞蛋後以打蛋器打散，再加入細砂糖後，輕輕攪拌混合均勻。

2 把步驟1的鋼盆底部接觸約60℃的熱水（隔水加熱），再啟動電動攪拌器高速運轉（或使用一般手動蛋器也可以），將蛋液打發。待蛋液溫度上升至與皮膚溫度接近後，即可移開熱水。

3 持續打發蛋液，直到整體顏色變淡且質地呈現黏稠狀為止（撈起時蛋液會緩緩落下，底部呈現如緞帶般重疊的樣子，並且持續一會兒才消失）。這時把電動攪拌器轉為低速，或換成一般手動打蛋器，繼續攪拌，把整體質地調整混合均勻。

4 接著加入過篩後的麵粉，以矽膠刮刀以切拌的方式，俐落同時仔細地混合均勻，直到感覺麵糊質地略微膨脹、富有光澤即完成。

5 把麵糊倒入烤盤內，以180℃烤箱烤約12分鐘。以竹籤戳刺蛋糕中心，如果拔出後沒有沾附麵糊，表示完成。移除烤盤，讓蛋糕連同烘焙紙一起散熱（至不燙手的程度後，蓋上一層保鮮膜）。

6 接著製作奶油夾心。在鋼盆內放入鮮奶油、細砂糖和酒，全部一起打發，直到質地呈現濃稠的潤滑感，撈起後垂落的一端能夠畫出線條的狀態（七分發）。

7 組合瑞士卷。取下海綿蛋糕上的烘焙紙，把顏色較深的那一面朝上，放在烘焙紙上。預計作為瑞士卷尾端的部分，可以由內往外斜切掉一部分的蛋糕，以利收尾。把夾心奶油餡放在蛋糕上，整體塗抹均勻（瑞士卷的起頭處可塗厚一些，而尾端斜切過的部分則不要塗）。

8 把靠近自己身體這側的蛋糕邊緣，一口氣往前捲起，作出中心。中心完成後，利用底下墊著的烘焙紙，慢慢地往前推，把蛋糕捲起來。完成後，將瑞士卷收尾那面朝下，以烘焙紙把整個蛋糕包起來，置於冰箱至少1小時，使其定型。

瑞士卷想切得工整好看，
訣竅就在於每切完一片後，
刀子都要重新以熱水溫熱過，
拭乾水分後，再切下一片。
當然，選一把好切的刀子也有加分效果。
準備一把好切的鋸齒刀，
用來切蛋糕或麵包都很方便哦！

利用最簡單的材料所作出來的海綿蛋糕，
當然也最能夠吃出食材的原味。
所以夾心奶油餡的部分，
我選用乳脂肪含量35%的鮮奶油，
可以作出清爽沒有負擔的口味。
但打發時別打過頭，
免得變得又硬又結塊囉！

草莓瑞士卷

奶黃色的海綿蛋糕，配上奶香味十足的鮮奶油，還有鮮紅的新鮮草莓，滋味當然超好吃，但更讓我陶醉的是看起來即可愛又可口的配色。因為我的味覺屬於保守派，因此像這樣基本的草莓蛋糕，對孩提時候的我來說，簡直就像甜點界的王子……不，是公主般的存在！我深信，一間甜點店的草莓蛋糕和卡士達醬如果作得好吃，就是它的品質保證。只要把這兩樣好吃的成分加在一起，就是我最喜歡的瑞士卷了，相信人人都可以成功喔！

材料（30×30cm烤盤1個份）

海綿蛋糕麵糊
- 低筋麵粉　60g
- 細砂糖　90g
- 雞蛋　4顆

奶油夾心
- 鮮奶油　150ml
- 細砂糖　½大匙
- 蜜桃酒等（個人喜好的酒）　1小匙

草莓　½盒

作法

1. 海綿蛋糕的作法，和P.39的「原味瑞士卷」步驟1至5相同。
2. 接著製作奶油夾心。在鋼盆裡放入鮮奶油、細砂糖、酒，攪拌打發至質地呈現濃稠的潤滑感，撈起後垂落的一端能夠畫出線條的狀態（七分發）。草莓去除蒂頭，切成小塊。
3. 組合瑞士卷。取下海綿蛋糕上的烘焙紙，把顏色較深的那一面朝上，放在烘焙紙上。預計作為瑞士卷尾端的部分，可以由內往外斜切掉一部分的蛋糕，以利收尾。把奶油夾心放在蛋糕上，整體塗抹均勻（瑞士卷的起頭處可塗厚一些，而尾端斜切過的部分則不要塗）。奶油塗抹完成後，再隨意放上草莓塊。
4. 把靠近自己身體這側的蛋糕邊緣，一口氣往前捲起，作出中心。中心完成後，利用底下墊著的烘焙紙，慢慢地往前推，把蛋糕捲起來。完成後，把瑞士卷收尾那面朝下，以烘焙紙把整個蛋糕包起，置於冰箱至少1小時，使其定型。

草莓蛋糕上的裝飾細緻又脆弱，送禮時很容易損壞；但做成草莓瑞士卷就輕鬆多了。
需要當成禮物送人時，就算手邊沒有適合的盒子，只要包好固定，就不用擔心。
可以把一整條瑞士卷包起來，也可以切開成二等分、四等分，以透明的玻璃紙包起來即可。
玻璃紙捲好後，以膠帶固定；二端綁上緞帶，
這種像糖果般的包裝方式，是我每次送人瑞士卷時的標準包裝法。

材料（30×30cm烤盤1個份）

海綿蛋糕麵糊

- 低筋麵粉　60g
- 細砂糖　90g
- 雞蛋　4顆

奶油夾心

- 鮮奶油　150ml
- 細砂糖　½大匙
- 橙酒（個人喜好的酒）　½小匙

葡萄柚果實（紅肉）　約½個

- 細砂糖　½大匙
- 橙酒（Grand Marnier）　½大匙

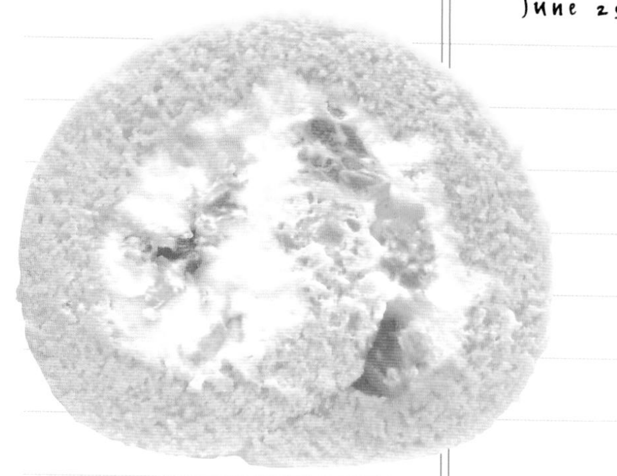

葡萄柚瑞士卷

僅管葡萄柚最好吃的季節是初夏，但一年四季都能見到葡萄柚的蹤影，是我不分季節隨時都能吃到的心愛水果。小時候，母親總是把葡萄柚對半切開後，拿盤子盛裝，撒上砂糖後，以湯匙痛快地吃個精光，是我腦海裡清晰的回憶。

長大之後，為了作葡萄柚口味的甜點，學會如何俐落取出果肉的方法，我才驚為天人地發現：「平常吃葡萄柚時，這個方法也可以派上用場！」我經常把取出的葡萄柚果肉放在保存容器內，隨心情撒上砂糖或利口酒，醃漬後放在冰箱裡，隨時備用。無論是當成零食或作甜點，隨時想用就有，十分方便，而且只要作好了，就會想動手作葡萄柚口味的甜點。春天、夏天是葡萄柚，秋天、冬天是焦糖蘋果，它們都是我家冰箱裡的常客呢！

作法

1. 海綿蛋糕的作法，和P.39的「原味瑞士卷」步驟1至5相同。
2. 取出葡萄柚的果肉，切成適合的一口大小，以細砂糖和橙酒混合後，置於冰箱冷藏備用。
3. 接著製作奶油夾心。在鋼盆裡放入鮮奶油、細砂糖、酒，攪拌打發至質地呈現濃稠的潤滑感，撈起後垂落的一端能夠畫出線條的狀態（七分發）。
4. 組合瑞士卷。取下海綿蛋糕上的烘焙紙，把顏色較深的那一面朝上，放在烘焙紙上。預計作為瑞士卷尾端的部分，可以由內往外斜切掉一部分的蛋糕，以利收尾。把奶油夾心放在蛋糕上，整體塗抹均勻（瑞士卷的起頭處可塗厚一些，而尾端斜切過的部分則不要塗）。奶油塗抹完成後，再隨意放上葡萄柚果肉。
5. 把靠近自己身體這側的蛋糕邊緣，一口氣往前捲起，作出中心。中心完成後，利用底下墊著的烘焙紙，慢慢地往前推，把蛋糕捲起來。完成後，把瑞士卷收尾那面朝下，以烘焙紙把整個蛋糕包起來，置於冰箱至少1小時，使其定型。

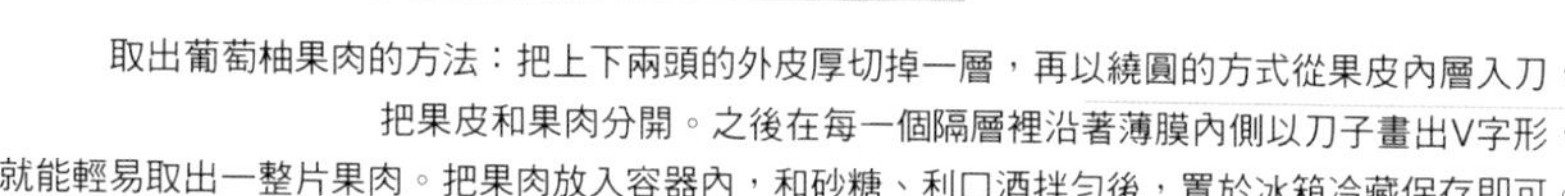

取出葡萄柚果肉的方法：把上下兩頭的外皮厚切掉一層，再以繞圓的方式從果皮內層入刀，把果皮和果肉分開。之後在每一個隔層裡沿著薄膜內側以刀子畫出V字形，就能輕易取出一整片果肉。把果肉放入容器內，和砂糖、利口酒拌勻後，置於冰箱冷藏保存即可。

巧克力卷

巧克力口味的蛋糕裡，散發著微妙的杏仁香氣，夾著滿滿的奶油餡，就是我的巧克力卷。因為拌入了許多溶化後的巧克力，口感也變得滋潤而豐腴。大部分的瑞士卷，口感是蓬鬆而柔軟的，這款巧克力卷應該是瑞士卷中的異類吧……就連對我的甜點總是直言不諱的毒舌老妹，第一次嚐到巧克力卷時也驚呼：「哇！真好吃！」所以，這個巧克力卷可是有點來頭的喔！

要作出沒有添加任何其他材料，單純卻好吃的巧克力海綿蛋糕，有一個難關。因為蛋糕本身非常容易破損，所以相當難捲！應該屬於「不適合用來作瑞士卷的海綿蛋糕」。可是，就是想把它作成瑞士卷來嚐嚐，所以硬著頭皮也要把它捲起來。完成後，交給低溫宅配，就連住在遠方的好友也能吃到我親手作的香甜。

材料（30×30cm烤盤1個份）

海綿蛋糕麵糊

- 烘焙專用巧克力（低糖）　120g
- 低筋麵粉　10g
- 可可粉　10g
- 杏仁粉　20g
- 細砂糖　60g
- 蛋黃　4顆
- 蛋白　4顆份
- 牛奶　50ml

奶油夾心

- 鮮奶油　150ml
- 細砂糖　½大匙
- 蘭姆酒（個人喜好的酒）　1小匙

前置準備

+ 烤盤內鋪上烘焙紙（或白報紙）。
+ 低筋麵粉、可可粉、杏仁粉，混合後過篩，備用。
+ 巧克力切碎。
+ 烤箱以180℃預熱。

作法

1 首先製作海綿蛋糕。小型鋼盆內放入巧克力和牛奶，底部接觸約60℃的熱水（隔水加熱），巧克力溶化後，攪拌使其與牛奶完全融合。或以微波爐加熱的方式溶化也可以。

2 另取一鋼盆，放入蛋黃，以打蛋器輕輕地攪拌打散，再加入一半份量的細砂糖，整體攪拌混合，直到質地變為濃稠結實為止。

3 再另取一鋼盆，放入蛋白，慢慢倒入剩餘的細砂糖，同時打發起泡，直到完成富有光澤且狀態扎實的蛋白糖霜為止。

4 在步驟2的鋼盆裡，放入一杓步驟3的蛋白糖霜，以打蛋器混合均勻後，倒入過篩的粉類，持續攪拌直到粉末消失。然後倒入步驟1的巧克力醬，以打蛋器以畫圓的方式，仔細拌攪均勻。

5 把剩餘的蛋白糖霜，分兩次加入步驟4裡，以矽膠抹刀大動作且俐落地混合均勻，直到看不見蛋白糖霜的白色線條為止。手法要快而仔細。

6 把麵糊倒入烤盤內，整平表面，以180℃烤箱烤約12分鐘。以竹籤戳刺中心，如果拔出後沒有沾附麵糊，表示完成。移除烤盤，讓蛋糕連同烘焙紙一起散熱（至不燙手的程度後，蓋上一層保鮮膜）。

7 製作奶油夾心。在鋼盆裡放入鮮奶油、細砂糖、酒，攪拌打發至質地呈現濃稠的潤滑感，撈起後垂落的一端能夠畫出線條的狀態（七分發）。

8 組合瑞士卷。取下海綿蛋糕上的烘焙紙，把顏色較深的那一面朝上，放在烘焙紙上。預計作為瑞士卷尾端的部分，由內往外斜切掉一部分的蛋糕，以利收尾。把奶油夾心放在蛋糕上，整體塗抹均勻（瑞士卷的起頭處可塗厚一些，而尾端斜切過的部分則不要塗）。

9 把靠近自己身體這側的蛋糕邊緣，一口氣往前捲起，作出中心。中心完成後，利用底下墊著的烘焙紙，慢慢地往前推，把蛋糕捲起來。完成後，把瑞士卷收尾那面朝下，以烘焙紙把整個蛋糕包起來，置於冰箱至少1小時，使其定型。

可可卷

柔軟到近乎入口即化，彷彿沒什麼特色也不令人驚豔，不過卻是我特別偏愛的瑞士卷之一。送禮或當成伴手禮時，通常都會烤兩卷不同口味、不同顏色的瑞士卷，一卷顏色較淡，另一卷顏色較深。在考慮深色的瑞士卷時，十之八九都會挑選可可卷登場，我就是這麼喜歡它。可可卷配上草莓瑞士卷，就是我心中的最佳組合！

作法很簡單，卻有著令人回味不已的好滋味，這當中的關鍵的就是可可粉。我愛的是法國Valrhona公司生產的帶有苦味的純可可粉。色、香、味皆濃郁穩定，今後也是持續愛用的素材。

材料（30×30cm烤盤1個份）

海綿蛋糕麵糊

- 低筋麵粉　40g
- 可可粉　25g
- 細砂糖　100g
- 雞蛋　4顆

奶油夾心

- 鮮奶油　150ml
- 細砂糖　½大匙
- 蘭姆酒（個人喜好的酒）　1小匙

前置準備

+ 雞蛋置於室溫下回溫。
+ 烤盤內鋪上烘焙紙（或白報紙）。
+ 低筋麵粉和可可粉，混合後過篩備用。
+ 烤箱以180℃預熱。

作法

1. 首先製作海綿蛋糕。鋼盆內放入雞蛋後以打蛋器打散，加入細砂糖，整體攪拌均勻。
2. 把步驟1的鋼盆底部接觸約60℃的熱水（隔水加熱），啟動電動攪拌器，以高速運轉（或打蛋器也可），打發蛋液。待蛋液溫度上升到與皮膚溫度接近後，即可移開熱水。
3. 持續攪拌蛋液，直到顏色變淡且質地黏稠為止（撈起時，蛋液呈現有重量感地垂落並持續不斷，尾端有如緞帶落下堆疊的模樣，並且持續一段時間才消失的狀態）。這時把電動攪拌器轉為低速（或改持打蛋器），把鋼盆內材料的質地全部調整成均一的細緻度。
4. 加入粉類，以矽膠刮刀像切開東西的手法般，快速俐落而仔細地把粉類和蛋液均勻混合。直到麵糊略顯蓬鬆且出現光澤感，就算完成。
5. 把麵糊倒入烤盤內，整平表面，以180℃烤箱烤約12分鐘。出爐後以竹籤戳刺中心，如果拔出後沒有沾附麵糊，表示完成。移除烤盤，讓蛋糕連同烘焙紙一起散熱（至不燙手的程度後，蓋上一層保鮮膜）。
6. 製作奶油夾心。在鋼盆裡放入鮮奶油、細砂糖、酒，攪拌打發至質地呈現濃稠的潤滑感，撈起後垂落的一端能夠畫出線條的狀態（七分發）。
7. 最後的組合方法，請參考P.39的「原味瑞士卷」步驟7開始的作法。

圖為Valrhona公司生產的可可粉。
粉末的色澤溫潤且沉穩，
能提供點心漂亮的可可色和濃郁的可可香。
對我來說，使用能夠信任的商品，
就像為自己的點心加了一劑強心針。

起司瑞士卷

這款海綿蛋糕，是以類似戚風蛋糕的製作方式製作，所以口感會更加鬆軟細緻。夾心中的水果可以選擇任何自己喜歡的種類，但我認為和起司奶油夾心最搭配的，非黑櫻桃莫屬！希望大家都能嘗試看看這個組合。

提到櫻桃，我最難忘的就是櫻桃果醬瑞士卷。住在北海道的朋友T，送我一瓶親手作的櫻桃果醬，拿來拌入鮮奶油後，以這個食譜的海綿蛋糕作成瑞士卷，果然好吃！一顆一顆仔細剃除果核後的新鮮櫻桃，熬煮得香甜又充滿彈性。沒有什麼特殊的神奇魔法，只是盡情地發揮食物原有的天然原味所完成的簡單果醬。可是，經由親手熬煮的溫度，卻實實在在溫暖了我的心。於是，今年夏天我也告訴自己：一定要作出如此溫暖且好吃的點心才行。

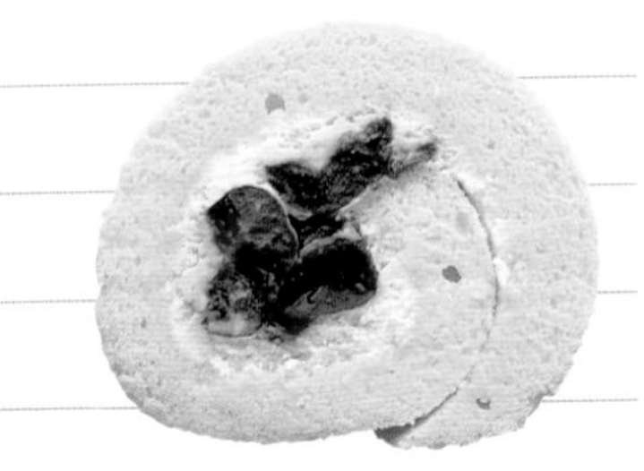

材料（30×30cm烤盤1個份）

海綿蛋糕麵糊

- 低筋麵粉　65g
- 細砂糖　80g
- 蛋黃　4顆
- 蛋白　4顆份
- 牛奶　3大匙
- 沙拉油　3大匙

起司奶油夾心

- 奶油起司（Cream Cheese）60g
- 鮮奶油　120ml
- 細砂糖　2大匙
- 檸檬汁　½大匙
- 橙酒（Grand Marnier）　1小匙

罐裝黑櫻桃（去除汁液）　120g

前置準備

+ 奶油起司置於室溫下回軟。
+ 烤盤內鋪上烘焙紙（或白報紙）。
+ 低筋麵粉過篩後備用。
+ 黑櫻桃對半切開，置於廚房紙巾上以去除多餘的醃漬汁液。
+ 烤箱以180℃預熱。

作法

1. 首先製作海綿蛋糕。鋼盆內放入蛋黃後以打蛋器打散，加入一半份量的細砂糖，攪拌至質地黏稠為止。
2. 接著依序倒入鮮奶和沙拉油，一邊倒一邊拌勻，再倒入過篩後的麵粉，全體攪拌成均勻的柔滑狀。
3. 另取一鋼盆，放入蛋白，再慢慢加入剩餘的細砂糖，同時打發起泡，直到完成富有光澤且狀態扎實的蛋白糖霜為止。
4. 在步驟2的鋼盆裡，放入一杓步驟3的蛋白糖霜，以打蛋器以畫圓的手法混勻後，再把剩餘的蛋白糖霜分成兩次加入，以矽膠抹刀大動作且俐落地混合均勻。
5. 把麵糊倒入烤盤內，整平表面，以180℃烤箱烤約12分鐘。出爐後以竹籤戳刺中心，拔出後沒有沾附麵糊表示完成。移除烤盤，讓蛋糕連同烘焙紙一起散熱（至不燙手的程度後，蓋上一層保鮮膜）。
6. 製作奶油夾心。在鋼盆裡放入奶油起司，以打蛋器攪拌成柔軟的乳霜狀（六分發），再加入細砂糖，全部拌均。接著倒入檸檬汁和橙酒後，攪拌均勻。
7. 另取一鋼盆，倒入鮮奶油，打發成稍為黏稠的優酪乳狀（撈起後，滴落的尖端沉入盆內的鮮奶油，痕跡會立刻消失不見）。倒入步驟6裡，混合均勻。
8. 接下來組合蛋糕的步驟，與P.36的「原味瑞士卷」步驟7開始相同。把奶油夾心在蛋糕上整體塗抹均勻後，隨意地散放上櫻桃果肉即可。

咖啡歐蕾卷

我在腦海裡揣摩著咖啡歐蕾的味道，以咖啡口味的海綿蛋糕捲著奶味十足的鮮奶油夾心，作出來的就是咖啡歐蕾卷。由於我不能喝黑咖啡或太濃的咖啡，所以咖啡歐蕾是我的最愛，當然咖啡歐蕾卷也是。

因為蛋糕咖啡口味，搭配的飲料也要是咖啡才好。雖然最理想的組合應該是又香又濃的咖啡，我還是配上加了好多牛奶的咖啡歐蕾。

因為我是個紅茶人，咖啡也只喝咖啡歐蕾，但是為了泡出最好的咖啡歐蕾，在心裡偷偷地期望，有一天自己也能變身為咖啡達人。不過，儘管腦子裡立定了許多計畫，例如多多閱讀咖啡知識的相關書籍，從手沖式濾杯開始一步一步地練習沖泡的手感等，但總是沒有真正實踐。我的好友S和E所泡的咖啡都好喝得不得了，自己也應該去買一樣品牌的咖啡回來才是。東想西想後，今天喝的是熱可可（笑）。

材料（30×30cm烤盤1個份）

海綿蛋糕麵糊
- 低筋麵粉　65g
- 細砂糖　80g
- 蛋黃　4顆
- 蛋白　4顆份
- 沙拉油　3大匙

咖啡液
- 即溶咖啡粉　2大匙
- 咖啡酒　2大匙
- 牛奶　1大匙

奶油夾心
- 鮮奶油　150ml
- 細砂糖　½大匙
- 咖啡酒　1小匙

前置準備
+ 烤盤內鋪上烘焙紙（或白報紙）。
+ 低筋麵粉過篩後備用。
+ 混合咖啡液的材料後備用。
+ 烤箱以180℃預熱。

作法

1. 首先製作海綿蛋糕。鋼盆內放入蛋黃後以打蛋器打散，加入一半份量的細砂糖，攪拌打發至質地黏稠為止。
2. 接著依序倒入咖啡液和沙拉油，一邊倒入同時一邊拌勻，再倒入過篩後的麵粉，全體攪拌成均勻的柔滑狀。
3. 另取一鋼盆，放入蛋白，再慢慢加入剩餘的細砂糖，同時打發起泡，直到完成富有光澤且狀態扎實的蛋白糖霜為止。
4. 在步驟2的鋼盆裡，放入一杓步驟3的蛋白糖霜，以打蛋器以畫圓的手法混合均勻後，再把剩餘的蛋白糖霜分成兩次加入，以矽膠抹刀大動作且俐落地混合均勻。
5. 把麵糊倒入烤盤內，整平表面，以180℃烤箱烤約12分鐘。出爐後以竹籤戳刺中心，如果拔出後沒有沾附麵糊，表示完成。移除烤盤，讓蛋糕連同烘焙紙一起散熱（至不燙手的程度後，蓋上一層保鮮膜）。
6. 製作奶油夾心。在鋼盆裡放入鮮奶油、細砂糖、咖啡酒，攪拌打發至質地呈現濃稠的潤滑感，撈起後垂落的一端能夠畫出線條的狀態（七分發）。
7. 最後的組合方法，請參考P.36的「原味瑞士卷」步驟7開始的作法。

優格瑞士卷

為什麼我會對瑞士卷如此情有獨鍾呢？這是有原因的，在我還是高中生時，女孩兒之間流行一種「留宿文化」。一票私交較好的女生朋友，輪流當主人招待其他人來家裡過夜，大家七嘴八舌地窩在一起聊天聊到深夜，話題不外乎是最熱門的戀愛主題。就在我當主人的那一次，受邀的朋友K帶來了瑞士卷。當時的瑞士卷不像現在那麼受到歡迎，在那個年代，瑞士卷給人的印象不外乎是沒什麼特色的海綿蛋糕，裡面包著一層薄薄的奶油而已，就連想說個客套話都說不出「真好吃」這三個字。但是K帶來的瑞士卷，蛋糕呈現漂亮的奶黃色，而且吃得到麵粉和雞蛋完美結合後的香甜口感。雖然卡士達醬也是薄薄一層，但比例卻恰到好處地完美，卡士達醬令人印象深刻的程度，絕對不輸給海綿蛋糕。那真是一個經過精心思量、仔細製作的甜點。從那之後，我腦中的想法也全然改觀了，原來瑞士卷可以是如此了不得的點心。

話說，那個瑞士卷雖然不得了，但我也真是個貪吃的高中女生啊……

材料（30×30cm烤盤1個份）

海綿蛋糕麵糊

- 低筋麵粉　45g
- 無鹽奶油　20g
- 細砂糖　70g
- 雞蛋　3顆
- 牛奶　½大匙

優格奶油夾心

- 原味優格（去除水分後）80g
- 鮮奶油　80ml
- 細砂糖　1大匙
- 檸檬汁　1小匙
- 櫻桃酒（Kirsch）等個人喜好的酒　½小匙

前置準備

+ 取一個小的篩子，鋪上廚房紙巾，倒入優格（約160g），置於冰箱一整晚，去除水分。
+ 低筋麵粉過篩備用。
+ 烤盤內鋪上烘焙紙（或白報紙）。
+ 烤箱以180℃預熱。

作法

1 首先製作海綿蛋糕。鋼盆內放入雞蛋後以電動攪拌器打散，加入細砂糖，整體攪拌均勻。

2 把步驟1的鋼盆底部接觸約60℃的熱水（隔水加熱），啟動電動攪拌器，以高速運轉打發蛋液。待蛋液溫度上升到與皮膚溫度接近後，即可移開熱水。持續攪拌蛋液，直到顏色變淡且質地黏稠為止（撈起時，蛋液呈現重量感且持續不斷垂落，尾端有如緞帶落下堆疊的模樣，並且持續一段時間才消失的狀態）。這時把電動攪拌器轉為低速，把鋼盆內材料的質地全部調整成均一的細緻度。

3 加入粉類，以矽膠刮刀以從盆底向上翻拌的手法，快速俐落而仔細地把粉類和蛋液均勻混合。直到麵糊略顯蓬鬆且出現光澤感，加入已融化混合的奶油和牛奶（溫熱），以矽膠刮刀盛擋著，慢慢倒在表面上，最後全部拌勻，直到質感呈現柔滑狀。

4 把麵糊倒入烤盤內，整平表面，以180℃烤箱烤10至12分鐘。出爐後移除烤盤，讓蛋糕連同烘焙紙一起散熱（至不燙手的程度後，蓋上一層保鮮膜）。

5 製作優格奶油夾心。在鋼盆裡放入已經去除水分的優格、鮮奶油、細砂糖、檸檬汁、櫻桃酒，攪拌打發至質地呈結實綿密且撈起時尖端像彎曲的尖角狀（八分發）。

6 組合瑞士卷。取下海綿蛋糕上的烘焙紙，把顏色較深的那一面朝上，放在烘焙紙上。預計作為瑞士卷尾端的部分，由內往外斜切掉一部分的蛋糕，以利收尾。把奶油夾心放在蛋糕上，整體塗抹均勻（瑞士卷的起頭處可塗厚一些，而尾端斜切過的部分則不要塗）。

7 把靠近自己身體這側的蛋糕邊緣，一口氣往前捲起，作出中心。中心完成後，利用底下墊著的烘焙紙，慢慢地往前推，把蛋糕捲起來。完成後，把瑞士卷收尾那面朝下，以保鮮膜把整個蛋糕包起來，置於冰箱至少1小時，使其定型。

以一個小的濾網篩，
放在鋼盆或有深度的容器上，
裡頭鋪上廚房紙巾，
放入優格，藉以除去多餘水分。

以奶油抹刀（palette-knife）
為蛋糕均勻而平整地塗上奶油。
靠近身體這一側的起始處，
奶油可以塗得稍厚些；
蛋糕尾端為了利於收尾，
則由內往外斜切掉一部分。

把烤好的海綿蛋糕對半切開，
會更容易捲。
還不上手的人，
可以利用這個方法練習，
就會越捲越順手哦！

草莓雙層瑞士卷

來談一下瑞士卷的麵糊作法。簡單來說，作法分為整顆蛋一起打發的「全蛋式打發法」，也有把蛋白作成蛋白糖霜後再與蛋黃結合的「分蛋式打發法」。以這兩大類再往下細分，還有材料加入的順序不同、直接加入蛋黃或混合空氣後再加入等等不同，就算是相同的材料比例，只要步驟上稍有差異，烤出來的蛋糕質地也會有微妙的不同。

這次在本書中我將會示範a.整顆蛋一起打發的全蛋式打發法，b.蛋黃份量較多的分蛋式打發法、蛋黃打發法，c.蛋白份量較多的分蛋式打發法、蛋黃打發法，以及d.蛋黃和蛋白份量相同的分蛋式打發法、蛋黃不打發法——這幾種不同的作法。配方的比例多少有些不同，但大體來說還是屬於同一系列的作法，希望各位也能實際操作，比較4種作法和出爐後的蛋糕差異在哪裡。

哪種配方的蛋糕最好吃？哪種作法最適合？我想，正確答案其實留在每個人的心中。我最希望的，是每個人都能親自嘗試一遍，找出最喜歡也最適合自己的作法、流程、口感、配方比例。至於我自己，各種不同方法所作出來的蛋糕，統統都喜歡啊！

材料（30×30cm烤盤1個份）

海綿蛋糕麵糊

- 低筋麵粉　45g
- 無鹽奶油　20g
- 細砂糖　70g
- 蛋黃　4顆
- 蛋白　3顆份
- 牛奶　1大匙

卡士達夾心

- 蛋黃　1顆
- 牛奶　100ml
- 無鹽奶油　10g
- 細砂糖　1大匙
- 玉米粉　½大匙
- 香草精　少許

奶油夾心

- 鮮奶油　100ml
- 櫻桃酒（Kirsch）等個人喜好的利口酒　½小匙

新鮮草莓（小顆）　約¼盒

前置準備

+ 低筋麵粉過篩備用。
+ 烤盤內鋪上烘焙紙（或白報紙）。
+ 烤箱以180℃預熱。

作法

1 首先製作海綿蛋糕。鋼盆內放入蛋黃後以打蛋器輕輕打散，加入一半份量的細砂糖，攪拌打發至質地黏稠為止。

2 另取一鋼盆，放入蛋白，再慢慢加入剩餘的細砂糖，同時以電動攪拌器打發起泡，直到完成富有光澤且狀態扎實的蛋白糖霜為止。加入步驟1的蛋黃，全部仔細拌勻。

3 加入過篩後的低筋麵粉，以矽膠刮刀從盆底向上翻拌的手法，快速而大動作地仔細攪拌均勻。待整體質地呈現蓬鬆富有光澤感後，倒入已加熱後融化混合的奶油和牛奶（溫熱），以矽膠刮刀盛擋著，慢慢地倒進鋼盆內，攪拌混合成柔滑的狀態。

4 把麵糊倒入烤盤內，整平表面，以180℃烤箱烤約12至13分鐘。出爐後以竹籤戳刺中心，如果拔出後沒有沾附麵糊，表示完成。移除烤盤，讓蛋糕連同烘焙紙一起散熱（至不燙手的程度後，蓋上一層烘焙紙）。

5 製作卡士達醬。在耐熱容器裡放入細砂糖和玉米粉，以打蛋器混合均勻後，慢慢注入牛奶，同時攪拌使糖和粉完全溶化，不加蓋放入微波爐加熱1分30秒至2分鐘。輕微沸騰後，從微波爐裡取出，以打蛋器快速攪拌一下，再加入蛋黃，仔細拌勻。再次放入微波爐內加熱30秒至1分鐘，輕微沸騰後取出，趁尚未結塊前快速地攪拌一下。之後再加入奶油和香草精，利用剩餘的熱度使其融化，接著讓容器底部接觸冰水，一邊攪拌一邊冷卻。

6 製作奶油夾心。另取一鋼盆，倒入鮮奶油和櫻桃酒，同時攪拌打發直到奶油變得細緻緊實，撈起後呈現彎曲的尖角狀（七、八分發）。

7 組合蛋糕。把海綿蛋糕烤過上色的那一面朝下，放在步驟4加蓋的那層烘焙紙上，再去除原本底部的烘焙紙。預計作為瑞士卷尾端的部分，由內往外斜切掉一部分的蛋糕，以利收尾。卡士達醬在蛋糕上整體塗抹均勻，然後在卡上達醬上再均勻塗抹一層奶油夾心（瑞士卷的起頭處可塗厚一些，而尾端斜切過的部分則不要塗）。

8 在海綿蛋糕的起點部分（靠近身體的這一側）放上一排草莓，往前推一圈作成中心。中心完成後，利用底下墊著的烘焙紙，慢慢地往前往上推，把蛋糕捲起來。完成後，把瑞士卷收尾那面朝下，以保鮮膜把整個蛋糕包起來，置於冰箱至少1小時，使其定型。

以微波爐即可輕鬆完成的卡士達醬。在即將沸騰前，來回取出1至2次，以打蛋器仔細拌勻。只要重複這個步驟，就能把卡士達醬作得柔滑可口。

在蛋糕的起始端鋪上一排草莓，以此作為中心點，向前慢慢把蛋糕捲起來。這次把蛋糕顏色較深那一面朝外，外型上就能多點和平時不同的變化。

把草莓切成小塊，散放在奶油上後再捲起來，也很可愛。

抹茶黃豆卷

鬆鬆軟軟的抹茶口味的海綿糕，包入溫和的黃豆風味奶油夾心，就是抹茶黃豆卷。幾年前曾經一度擄獲我的心，是經常作的「和風素材遇見西洋甜點」，如今仍然低調地持續進行中。今天所介紹的這款甜點，使用丹波黑豆所製的黃豆粉。風味絕佳，香氣誘人。

在京都北野天滿宮的梅花盛開之時，讓人感受到寒冬將盡，春天即將到訪，這時總讓我不由自主想品嚐這道甜點。所以拍照時，也把這份心情以梅花圖案的桌巾呈現出來，這是很照顧我的Y所送的禮物。我心裡想著：「Y，你最近好嗎？」拍下了這組照片，希望我們很快能再見面。

材料（30×30cm烤盤1個份）

海綿蛋糕麵糊
- 低筋麵粉　35g
- 抹茶粉　10g
- 無鹽奶油　20g
- 細砂糖　75g
- 蛋黃　3顆
- 蛋白　4顆份
- 牛奶　1大匙

豆粉奶油夾心
- 鮮奶油 150ml
- 黃豆粉　½大匙
- 細砂糖　1大匙

前置準備
- 低筋麵粉和抹茶粉混合後過篩備用。
- 烤盤內鋪上烘焙紙（或白報紙）。
- 烤箱以180℃預熱。

作法

1. 首先製作海綿蛋糕。鋼盆內放入蛋黃後以打蛋器輕輕打散，加入一半份量的細砂糖，攪拌打發至質地黏稠為止。
2. 另取一鋼盆，放入蛋白，再慢慢加入剩餘的細砂糖，同時以電動攪拌器打發起泡，直到完成富有光澤且狀態扎實的蛋白糖霜為止。接著加入步驟1的蛋黃，全部仔細拌勻。
3. 加入過篩後的粉類，以矽膠刮刀從盆底向上翻拌的手法，快速而大動作地仔細混合攪拌均勻。待整體質地呈現蓬鬆富有光澤感後，倒入已加熱後融化混合的奶油和牛奶（溫熱），以矽膠刮刀盛擋著，慢慢均勻倒進鋼盆內後，攪拌成柔滑的狀態。
4. 把麵糊倒入烤盤內，整平表面，以180℃烤箱烤約12至13分鐘。出爐後以竹籤戳刺中心，拔出後沒有沾附麵糊表示完成。移除烤盤，讓蛋糕連同烘焙紙一起散熱（至不燙手的程度後，蓋上一層保鮮膜）。
5. 製作豆粉奶油夾心。鋼盆內放入鮮奶油、黃豆粉、細砂糖，攪拌打發直到奶油變得略微膨脹緊實，撈起後呈現彎曲的尖角狀（七、八分發）。
6. 組合蛋糕。先取下海綿蛋糕底部的烘焙紙，再把蛋糕顏色較深的那面朝上，放在剛才的烘焙紙上。預計作為瑞士卷尾端的部分，由內往外斜切掉一部分的蛋糕，以利收尾。把豆粉奶油夾心均勻塗抹在蛋糕上（瑞士卷的起頭處可塗厚一些，而尾端斜切過的部分則不要塗）。
7. 在海綿蛋糕的起點部分（靠近身體的這一側）往前推一圈作成中心。中心完成後，利用底下墊著的烘焙紙，慢慢地往前往上推，把蛋糕捲起來。完成後，把瑞士卷收尾那面朝下，以保鮮膜把整個蛋糕包起來，置於冰箱至少1小時，使其定型。

可可巧克力卷

把可可口味的海綿蛋糕和巧克力奶油夾心捲在一起，製成超濃郁的可可巧克力卷。依照奶油夾心裡巧克力種類的不同，口味也會有極大的變化。若使用帶有苦味的純巧克力，就能作出沉穩的成熟風味。在烤好的海綿蛋糕上刷上些許白蘭地等自己偏好的酒類，再捲上奶油夾心，又會變成另一種後勁十足的成熟風味。

若使用溫和的牛奶巧克力，滑潤香濃的賣相和口感，就連小朋友也可以放心地大快朵頤。如果覺得蛋糕作成可可口味太膩，也可以烤成原味的，只要拿掉食譜中的可可粉，再把低筋麵粉改成45g即可。

材料（30×30cm烤盤1個份）

海綿蛋糕麵糊
- 低筋麵粉　35g
- 可可粉　10g
- 無鹽奶油　20g
- 細砂糖　75g
- 蛋黃　3顆
- 蛋白　4顆份
- 牛奶　1大匙

巧克力奶油夾心
- 烘焙用巧克力　35g
- 鮮奶油　150ml
- 牛奶　2大匙

前置準備
+ 巧克力切碎備用。
+ 低筋麵粉和可可粉混合後過篩備用。
+ 烤盤內鋪上烘焙紙（或白報紙）。
+ 烤箱以180℃預熱。

作法

1 首先製作海綿蛋糕。鋼盆內放入蛋黃後以打蛋器輕輕打散，加入一半份量的細砂糖，攪拌打發至質地黏稠為止。

2 另取一鋼盆，放入蛋白，再慢慢加入剩餘的細砂糖，同時以電動攪拌器打發起泡，直到完成富有光澤且狀態扎實的蛋白糖霜為止。接著加入步驟1的蛋黃，全部仔細拌勻。

3 加入過篩後的粉類，以矽膠刮刀從盆底向上翻拌的手法，快速而大動作地仔細攪拌均勻。待整體質地呈現蓬鬆富有光澤感後，倒入已融化混合的奶油和牛奶（溫熱），以矽膠刮刀盛擋著，慢慢均勻地倒進鋼盆內後，攪拌成柔滑的狀態。

4 把麵糊倒入烤盤內，整平表面，以180℃烤箱烤約12至13分鐘。出爐後以竹籤戳刺中心，如果拔出後沒有沾附麵糊，表示完成。移除烤盤，讓蛋糕連同烘焙紙一起散熱（至不燙手的程度後，蓋上一層烘焙紙）。

5 製作巧克力奶油夾心。取一個小的鋼盆，放入巧克力和牛奶，鋼盆底部接觸約60℃的熱水（隔水加熱），使巧克力和牛奶融合在一起。溶解後，倒進另一個鋼盆裡，再以非常慢的速度加入鮮奶油（如果一次倒太快，巧克力會結塊，請注意），攪拌打發成膨脹緊實的質地，撈起後呈現彎曲的尖角狀（七、八分發）。

6 組合蛋糕。把海綿蛋糕顏色較深的那一面朝下，放在原本蓋在上方的烘焙紙上，接著小心取下貼合於海綿蛋糕底部的烘焙紙。預計作為瑞士卷尾端的部分，由內往外斜切掉一部分的蛋糕，以利收尾。把巧克力奶油夾心均勻塗抹在蛋糕上（瑞士卷的起頭處可塗厚一些，而尾端斜切過的部分則不要塗）。

7 在海綿蛋糕的起點部分（靠近身體的這一側）往前推一圈作成中心。中心完成後，利用底下墊著的烘焙紙，慢慢地往前往上推，把蛋糕捲起來。完成後，把瑞士卷收尾那面朝下，以保鮮膜把整個蛋糕包起來，置於冰箱至少1小時，使其定型。

蘋果瑞士卷

幾年前，曾經收到果醬達人T寄來的手工草莓果醬。當時和草莓果醬一起來到我家的，是一大箱塞得滿滿的紅蘋果AKANE。打開紙箱的那一瞬間，蘋果特有的酸甜香氣飄散開來，我整個人都被這迷人的香氣給包圍。帶著愉悅與感謝的心情，那天，我的果醬魂誕生了。

當時最常作的，就是蜂蜜蘋果果醬、焦糖蘋果果醬，還有焦糖香煎蘋果。因為想要保存久一點，連裝果醬的瓶子都事前消毒過（平時我一次只作幾天的份量，所以瓶子不用特別消毒也不要緊）。到了那天傍晚，桌上排排站了一列的WECK（德國果醬瓶品牌）的瓶子，感覺自己好像要開果醬屋了（笑）。

為了將這些果醬和點心盡情結合，又延伸變化出一些新口味的點心；今天的蘋果瑞士卷便是其中之一。以蓋住蘋果九分高度的水和蜂蜜，把蘋果煮成入口即化的香甜果泥。只要把蘋果泥和鮮奶油混合，就成了蘋果奶油夾心。至於海綿蛋糕的部分，則以少量的肉桂粉，暈染出淡淡的米色。

材料（30×30cm烤盤1個份）

海綿蛋糕麵糊
- 低筋麵粉　45g
- 肉桂粉　½小匙
- 無鹽奶油　20g
- 細砂糖　70g
- 雞蛋　3顆
- 牛奶　½大匙

蜂蜜蘋果泥
- 蘋果　1個
- 蜂蜜　蘋果重量的⅓
- 檸檬汁　1小匙

奶油夾心
- 鮮奶油　120ml
- 檸檬汁　½小匙
- 卡巴度斯蘋果酒（Calvados）或蘭姆酒　½小匙

裝飾用糖粉　適量

前置準備
+ 低筋麵粉和肉桂粉混合後過篩備用。
+ 烤盤內鋪上烘焙紙（或白報紙）。

作法

1. 首先煮蜂蜜蘋果泥。蘋果去皮、去芯後切小塊，放入鍋裡。加入檸檬汁和水（水的高度為蘋果的九分高，不需完全蓋過果肉），以中火加熱，煮到水分接近全乾、蘋果變軟後，加入蜂蜜，以小火再煮10分鐘，熄火涼。烤箱以180℃預熱。
2. 製作海綿蛋糕。鋼盆內放入雞蛋後以電動攪拌打散，加入細砂糖後，攪拌混合均勻。
3. 把步驟2的鋼盆底部接觸約60℃的熱水（隔水加熱），電動攪拌器以高度運轉，打發蛋液。待蛋液溫度上升至人體皮膚的溫度後，移開熱水，繼續攪拌直到顏色變淡且質地黏稠為止（撈起時，蛋液呈現有重量感地垂落並持續不斷，尾端有如緞帶落下堆疊的模樣，並且持續一段時間才消失的狀態）。這時把電動攪拌器轉為低速（或改持打蛋器），把鋼盆內材料的質地全部調整成均一的細緻度。
4. 加入過篩後的低筋麵粉，以矽膠刮刀從盆底向上翻拌的手法，快速而大動作地仔細混合攪拌均勻。待整體質地呈現蓬鬆富有光澤感後，倒入已加熱後融化混合的奶油和牛奶（溫熱），以矽膠刮刀盛擋著，慢慢均勻地倒進鋼盆內後，攪拌混合成柔滑的狀態。
5. 把麵糊倒入烤盤內，整平表面，以180℃烤箱烤約10至12分鐘。出爐後移除烤盤，讓蛋糕連同烘焙紙一起散熱（至不燙手的程度後蓋上保鮮膜）。
6. 製作奶油夾心。鋼盆內倒入鮮奶油、檸檬汁、卡巴度斯蘋果酒，同時攪拌打發直到奶油變得細緻緊實，撈起後呈現彎曲的尖角狀（七、八分發）。加入蜂蜜蘋果泥80g，以矽膠刮刀俐落地混合均勻。
7. 組合蛋糕。移除海綿蛋糕底部的烘焙紙，把顏色較深的那一面翻轉過來朝上後，重新放回烘焙紙上。預計作為瑞士卷尾端的部分，由內往外斜切掉一部分的蛋糕，以利收尾。把奶油夾心在蛋糕上整體塗抹均勻（瑞士卷的起頭處可塗厚一些，而尾端斜切過的部分則不要塗）。
8. 在海綿蛋糕的起點部分（靠近身體的這一側），往前推一圈作成中心。中心完成後，利用底下墊著的烘焙紙，慢慢地往前往上推，把蛋糕捲起來。完成後，把瑞士卷收尾那面朝下，以保鮮膜把整個蛋糕包起來，置於冰箱至少1小時，使其定型。開動前可以隨喜好撒上糖粉。

以富士蘋果作的蜂蜜蘋果泥。若正當紅玉蘋果的產季時，也可以加入一點點蘋果皮，煮成粉紅色的蘋果泥，看起來可愛又好吃。

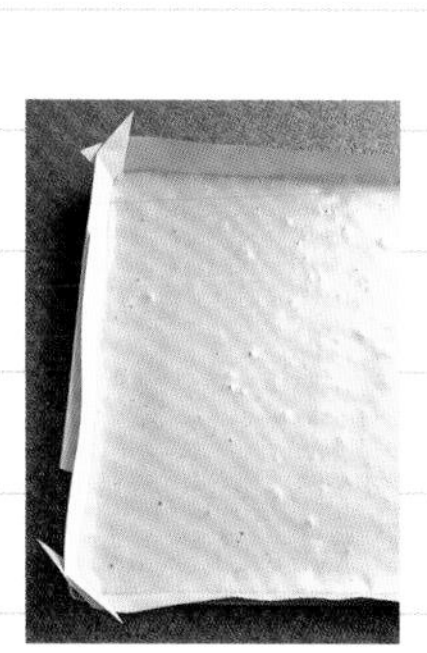

在烤盤中央倒入麵糊，利用刮刀把中央的麵糊均勻地撥向四個角落，再整平表面即可。

卡巴度斯蘋果酒（Calvados）以蘋果蒸餾而成。以蘋果入味的甜點中，選用卡巴度斯蘋果酒或蘭姆酒來作搭配，都很對味。

巧克力碎片卷

大家應該都記得曾經紅極一時的漫畫小甜甜（也有卡通）吧？見到這個甜點，我第一個想到的，就是故事中的女主角——小甜甜。因為，無論在海綿蛋糕或奶油夾心裡，都可以見到的巧克力碎片＝雀斑＝小甜甜！

圓圓的鼻子和雀斑是小甜甜的招牌特色，雖然受到命運的捉弄，她卻以無比開朗的勇氣和熱情面對人生。長大成人後，我幾乎不再看漫畫，但是大約10年前，朋友借我整套小甜甜漫畫，從那時開始，我就是小甜甜的粉絲了。

只要拿掉這份食譜裡的巧克力碎片，其實就是原味瑞士卷。聖誕節時，我會在原味瑞士卷的海綿蛋糕上放上栗子，再塗上一層「可可巧克力卷」（P.53）裡的巧克力奶油夾心，作成聖誕節蛋糕。加上白巧克力片、冬青葉、奶油花邊來作裝飾，這就是帶有成熟風味的大人版「聖誕樹蛋糕」（Buche de Noel）。只要在瑞士卷外側以鮮奶油或水果稍加妝點一下，扮相絕對不輸給華麗的裝飾蛋糕啊！

材料（30×30cm烤盤1個份）

海綿蛋糕麵糊

- 低筋麵粉　45g
- 細砂糖　70g
- 蛋黃　3顆
- 蛋白　3顆份
- 鮮奶油　2大匙

奶油夾心

- 鮮奶油　150ml
- 細砂糖　½大匙
- 橙酒（Grand Marnier）　½小匙

烘焙用巧克力（低糖）　40g

前置準備

+ 巧克力切碎備用，置於冰箱備用。
+ 低筋麵粉過篩備用。
+ 烤盤內鋪上烘焙紙（或白報紙）。
+ 烤箱以180℃預熱。

作法

1. 首先製作海綿蛋糕。取一鋼盆，放入蛋白，慢慢加入細砂糖，同時以電動攪拌器打發起泡，直到完成富有光澤且狀態扎實的蛋白糖霜為止。然後把蛋黃分顆加入，仔細攪拌均勻，完全混合。
2. 加入過篩後的低筋麵粉，以矽膠刮刀從盆底向上翻拌的手法，快速而大動作地仔細混合攪拌均勻。待整體質地呈現蓬鬆富有光澤感後，倒入已以微波爐加熱過後的鮮奶油，以矽膠刮刀盛擋著，慢慢均勻地倒進鋼盆內，攪拌混合成柔滑的狀態。然後加入一半份量的巧克力碎片，拌勻。
3. 把麵糊倒入烤盤內，整平表面，以180℃烤箱烤約10至12分鐘。出爐後移除烤盤，讓蛋糕連同烘焙紙一起散熱（至不燙手的程度後，蓋上一層烘焙紙）。
4. 製作奶油夾心。取一個鋼盆，放入鮮奶油、細砂糖、橙酒、剩餘的巧克力碎片，攪拌打發成膨脹緊實的質地，撈起後呈現彎曲的尖角狀（七、八分發）。
5. 組合蛋糕。把海綿蛋糕顏色較深的那一面朝下，放在原本蓋在上方的烘焙紙上，然後把貼合於海綿蛋糕底部的烘焙紙小心地取下。預計作為瑞士卷尾端的部分，由內往外斜切掉一部分的蛋糕，以利收尾。把奶油夾心均勻塗抹在蛋糕上（瑞士卷的起頭處可塗厚一些，而尾端斜切過的部分則不要塗）。
6. 在海綿蛋糕的起點部分（靠近身體的這一側）往前推一圈作成中心。中心完成後，利用底下墊著的烘焙紙，慢慢地往前往上推，把蛋糕捲起來。完成後，把瑞士卷收尾那面朝下，以保鮮膜把整個蛋糕包起來，置於冰箱至少1小時，使其定型。

巧克力碎片的細碎程度可隨個人喜好，但如果切得不夠細，捲蛋糕時會比較困難。混入海綿蛋糕麵糊的巧克力可以切得細一點，混入奶油夾心的巧克力碎片則可以稍微粗一些。

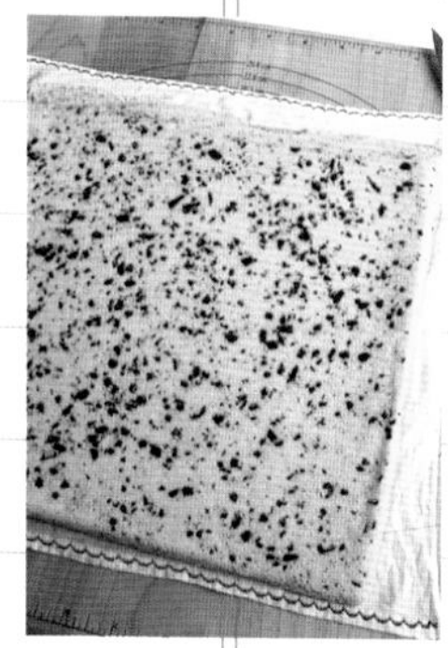

海綿蛋糕顏色較深的那一面朝下，放在之前散熱後加蓋的烘焙紙上，再把烤盤底部的烘焙紙慢慢撕下。如果蛋糕色澤較深的部分會不小心黏著烘焙紙一起被撕掉，不妨試著把蛋糕放在擰乾的濕毛巾上操作。

提拉米蘇風瑞士卷

法國料理、義大利料理、中華料理、日本料理、無國籍料理……只要好吃，統統來者不拒！上館子外食也是我的樂趣，打著「味覺修行」的名號，喜歡到處嚐鮮，不過最常走進的還是義大利餐廳。想上餐廳打牙祭卻又不知道該往哪兒去好，最後的落腳處總是義大利餐廳！對我來說，上館子最重要的部分不是主菜，而是甜點。只要句點畫得完美，一切都完美。私心認為，餐廳甜點如果作得好吃，通常它的菜餚也會很不錯。

在義大利料理中，甜點稱為Dolce。從最廣為人知的提拉米蘇、義式奶酪，到Zuppa Inglese（沾滿甜酒糖漿的海綿蛋糕＋奶油的一種甜點）、Profiterole（巧克力泡芙塔，把小泡芙堆疊成小山，淋上巧克力醬後的甜點）、Cassata（卡薩塔冰淇淋，混入水果乾及堅果的義式冰淇淋）。若碰到侍者推著推車把全部的甜點送到我面前，說「喜歡的都可以嚐嚐看哦」的時候，我通常都會因為無法下定決心，最後只好說：「請每種都切一小塊給我～」（笑）。

這款瑞士卷的重點在於，可可口味的海綿蛋糕充分吸收了咖啡酒的香氣，以及混入馬斯卡彭起司後變得更加濃郁的奶油夾心。義大利菜登上晚餐餐桌的那天，甜點就是這一味了！

材料（30×30cm烤盤1個份）

海綿蛋糕麵糊

- 低筋麵粉　35g
- 可可粉　10g
- 細砂糖　70g
- 蛋黃　3顆
- 蛋白　3顆份
- 鮮奶油　2大匙

馬斯卡彭奶油夾心

- 馬斯卡彭起司（Mascarpone Cheese）　60g
- 鮮奶油 100ml
- 細砂糖　½大匙

糖漿

- 即溶咖啡粉　1小匙
- 熱水　1小匙
- 咖啡酒　1大匙

前置準備

+ 低筋麵粉和可可粉混合後過篩備用。
+ 烤盤內鋪上烘焙紙（或白報紙）。
+ 烤箱以180℃預熱。

作法

1 首先製作海綿蛋糕。取一鋼盆，放入蛋白，慢慢加入細砂糖，同時以電動攪拌器打發起泡，直到完成富有光澤且狀態扎實的蛋白糖霜為止。然後把蛋黃分顆加入，仔細攪拌均勻，完全混合。

2 加入過篩後的粉類，以矽膠刮刀從盆底向上翻拌的手法，快速而大動作地仔細混合攪拌均勻。待整體質地呈現蓬鬆富有光澤感後，倒入已以微波爐加熱過後的鮮奶油，以矽膠刮刀盛擋著，慢慢均勻地倒進鋼盆內，攪拌混合成柔滑的狀態。然後加入一半份量的巧克力碎片，拌勻。

3 把麵糊倒入烤盤內，整平表面，以180℃烤箱烤約10至12分鐘。出爐後移除烤盤，讓蛋糕連同烘焙紙一起散熱（至不燙手的程度後，蓋上一層保鮮膜）。

4 製作糖漿。咖啡粉完全溶化於熱水中，再倒入咖啡酒，混合均勻。

5 製作馬斯卡彭奶油夾心。鋼盆內放入馬斯卡彭起司和細砂糖，以打蛋器仔細攪拌均勻。然後慢慢倒入鮮奶油，同時一邊拌勻，攪拌打發成膨脹緊實的質地，撈起後呈現彎曲的尖角狀（七、八分發）。

6 組合蛋糕。先取下海綿蛋糕底部的烘焙紙，再把蛋糕顏色較深的那面朝上，放在剛才的烘焙紙上。預計作為瑞士卷尾端的部分，由內往外斜切掉一部分的蛋糕，以利收尾。在蛋糕表面刷上一層糖漿，再均勻地鋪上一層馬斯卡彭奶油夾心（瑞士卷的起頭處可塗厚一些，而尾端斜切過的部分則不要塗）。

7 在海綿蛋糕的起點部分（靠近身體的這一側）往前推一圈作成中心。中心完成後，利用底下墊著的烘焙紙，慢慢地往前往上推，把蛋糕捲起來。完成後，把瑞士卷收尾那面朝下，以保鮮膜把整個蛋糕包起來，置於冰箱至少1小時，使其定型。

馬斯卡彭（Mascarpone），
是一款口味濃郁的義大利起司。
和鮮奶油混合後，
可以作出滑潤又香濃的奶油醬。

這款瑞士卷中的重點，
就是讓咖啡酒
發揮最大香氣的糖漿。
海綿蛋糕和糖漿結合後，
讓蛋糕跟奶油夾心的組合
變得更好吃了。

奶油醬瑞士卷

黃澄澄的海綿蛋糕，是以蛋黃比例較高的配方所製作的。除了柔軟蓬鬆且口感極佳之外，較為濕潤的質地也讓蛋糕在捲起來的時候更為容易。

看到出爐後的海綿蛋糕呈現出漂亮的奶黃色，就讓人想接著準備打發鮮奶油，或和融化白巧克力一起混合的鮮奶油，然後快快把蛋糕給捲起來。偶爾換換口味，作著單純的奶油瑞士卷也挺好的。這份食譜所示範的奶油夾心，只要簡單的蛋白糖霜和奶油混合即可完成，相當容易。

至於蛋白糖霜的種類，有以砂糖和蛋白簡單打發起泡的法式糖霜；也有把砂糖煮成糖漿後再和蛋白混合、打發成形的義式糖霜；也有把蛋白加溫後再倒入砂糖打發起泡的瑞士糖霜。而在奶油醬（Butter Cream）裡所配合使用的糖霜，大多以義式糖霜居多。雖然熱呼呼的糖漿可以殺菌，也能作出較好成型且不易塌陷的蛋白糖霜；不過，若使用日本產的可生食雞蛋，我會選擇搭配口味較輕爽的法式糖霜，作出趁新鮮就可食用完畢的家庭式奶油蛋卷。

材料（30×30cm烤盤1個份）

海綿蛋糕麵糊

- 低筋麵粉　45g
- 糖粉　65g
- 雞蛋　2顆
- 蛋黃　2顆
- 鮮奶油　2大匙

奶油醬夾心

- 無鹽奶油　120g
- 糖粉　40g
- 蛋白　2顆份
- 橙酒（Grand Marnier）2小匙
- 檸檬汁　¼小匙
- 鹽　1小撮

前置準備

+ 雞蛋、蛋黃、奶油，置於室溫下回溫。
+ 低筋麵粉過篩備用。
+ 烤盤內鋪上烘焙紙（或白報紙）。
+ 烤箱以180℃預熱。

作法

1 首先製作海綿蛋糕。鋼盆內放入雞蛋和蛋黃後以電動攪拌器打散，加入細砂糖，整體攪拌均勻。

2 把步驟1的鋼盆底部接觸約60℃的熱水（隔水加熱），啟動電動攪拌器，以高速運轉打發蛋液。待蛋液溫度上升到與皮膚溫度接近後，即可移開熱水。持續攪拌蛋液，直到顏色變淡且質地黏稠為止（撈起時，蛋液呈現有重量感地垂落並持續不斷，尾端有如緞帶落下堆疊的模樣，並且持續一段時間才消失的狀態）。這時把電動攪拌器轉為低速，把鋼盆內材料的質地全部調整成均一的細緻度。

3 加入低筋麵粉，以矽膠刮刀從盆底向上翻拌的手法，快速俐落而仔細地把粉類和蛋液均勻混合。直到麵糊略顯蓬鬆、出現光澤感，倒入已加溫過的鮮奶油，以矽膠刮刀盛擋著，慢慢地倒在表面上，全部拌勻直到質感呈現柔滑狀。

4 把麵糊倒入烤盤內，整平表面，以180℃烤箱烤10至12分鐘。出爐後移除烤盤，讓蛋糕連同烘焙紙一起散熱（至不燙手後，蓋上一層保鮮膜）。

5 製作奶油醬夾心。在鋼盆裡放入已在室溫下軟化的奶油，以打蛋器攪拌成略微蓬鬆的狀態。另取一鋼盆，放入蛋白、檸檬汁、鹽，然後慢慢倒入砂糖的同時，以電動攪拌器打發，完成富有光澤、質地緊實的蛋白糖霜。然後把完成的糖霜，一次一點點地加入奶油裡，同時以電動攪拌器仔細拌勻，最後倒入橙酒，全部拌勻。

6 組合瑞士卷。取下海綿蛋糕底部的烘焙紙，把顏色較深的那一面朝下，放在烘焙紙上。預計作為瑞士卷尾端的部分，由內往外斜切掉一部分的蛋糕，以利收尾。把奶油醬夾心放在蛋糕上，整體塗抹均勻（瑞士卷的起頭處可塗厚一些，而尾端斜切過的部分則不要塗）。

7 把靠近自己身體這側的蛋糕邊緣，一口氣往前捲起，作出中心。中心完成後，利用底下墊著的烘焙紙，慢慢地往前推，把蛋糕捲起來。完成後，把瑞士卷收尾那面朝下，以保鮮膜把整個蛋糕包起來，置於冰箱至少1小時，使其定型。

為了在奶油和蛋白糖霜攪拌的過程中
混入足夠的空氣，
使用電動攪拌器仔細地攪拌融合，
即可作出綿密細緻的奶油醬。
選用品質穩定且新鮮的奶油，
也是作出好吃的奶油醬的關鍵。

Grand Marnier橙酒，
是使用干邑和橙皮
所釀製的利口酒（Liqueur），
帶有濃郁醇厚的柑橘香。

紅豆瑞士卷

最近這幾年，經常使用日式和菓子的材料來作西洋甜點，例如抹茶、芝麻、黃豆粉、紅豆泥、紅豆沙、紅豆或黑豆、甜納豆、焙茶、艾草粉、櫻花等。「真的可以用它作甜點嗎」、「如果用這個和那個組合起來，會作出什麼口味的點心呢？」……這些都是在腦子有初步想法後，成為我選擇材料及挑戰新食譜的關鍵，而且每年還持續增加中。

這個食譜中，用的是罐裝的水煮紅豆，完成後的口味也是大家都能接受的純樸滋味。先以製作戚風蛋糕的方式烤出鬆軟海綿蛋糕，再塗上每個人都熟悉的紅豆奶油夾心，就完成了這道溫暖又美味的瑞士卷。

材料（30×30cm烤盤1個份）

海綿蛋糕麵糊
- 低筋麵粉　50g
- 細砂糖　40g
- 蛋黃　3顆
- 蛋白　3顆份
- 牛奶　20ml
- 沙拉油　2大匙
- 蜂蜜（或果糖）　1大匙（20g）

紅豆奶油夾心
- 罐裝水煮紅豆　100g
- 鮮奶油　120ml

前置準備
+ 低筋麵粉過篩備用。
+ 烤盤內鋪上烘焙紙（或白報紙）。
+ 烤箱以180℃預熱。

作法

1. 首先製作海綿蛋糕。鋼盆內放入蛋黃後以打蛋器打散，加入蜂蜜，攪拌混合至質地黏稠為止。然後依序加入牛奶、沙拉油（每一樣材料一次加入一點點、慢慢地倒入）、過篩後的低筋麵粉，攪拌成柔滑的狀態。
2. 另取一鋼盆，放入蛋白，慢慢加入細砂糖，同時以電動攪拌器打發起泡，直到完成富有光澤且狀態扎實的蛋白糖霜為止。舀一勺完成的糖霜，加入步驟1內，以打蛋器以畫圓的方式拌勻。再倒入剩下糖霜的一半份量，以矽膠刮刀從盆底向上翻拌的手法，快速而大動作地仔細混合攪拌均勻。再把攪拌完成的材料倒回仍有半份糖霜的鋼盆裡，以矽膠刮刀從盆底向上翻拌的方式，仔細混合直到看不見糖霜的白色線條為止。
3. 把麵糊倒入烤盤內，整平表面，以180℃烤箱烤約10至12分鐘。出爐後移除烤盤，讓蛋糕連同烘焙紙一起散熱（至不燙手的程度後，蓋上一層保鮮膜）。
4. 製作紅豆奶油夾心。鋼盆內放入水煮紅豆和鮮奶油，攪拌打發成膨脹緊實的質地，撈起後呈現彎曲的尖角狀。
5. 組合瑞士卷。取下海綿蛋糕底部的烘焙紙，把顏色較深的那一面朝下，放在烘焙紙上。預計作為瑞士卷尾端的部分，由內往外斜切掉一部分的蛋糕，以利收尾。把紅豆奶油夾心放在蛋糕上，整體塗抹均勻（瑞士卷的起頭處可塗厚一些，而尾端斜切過的部分則不要塗）。
6. 把靠近自己身體這側的蛋糕邊緣，一口氣往前捲起，作出中心。中心完成後，利用底下墊著的烘焙紙，慢慢地往前推，把蛋糕捲起來。完成後，把瑞士卷收尾那面朝下，以保鮮膜把整個蛋糕包起來，置於冰箱至少1小時，

南瓜瑞士卷

海綿蛋糕和左頁紅豆瑞士卷的相同，是以戚風蛋糕的製作方式製作蛋糕底。蛋黃基底在和蛋白糖霜混合之前，先和濃密的南瓜泥仔細拌勻，作出略帶南瓜香味的海綿蛋糕麵糊。奶油夾心也同樣混入了南瓜泥，所以顏色就被染成「南瓜黃」了。由於奶油和蛋糕的顏色都是黃色，越看越像伊達蛋卷（日式魚板厚實蛋卷）啊！

另外要注意的一點是，南瓜奶油夾心如果攪拌過頭很容易結塊，在混合南瓜泥和鮮奶油時，只要攪拌到感覺略顯膨脹的狀態就要立刻停手，再慢慢地拌勻即可。

材料（30×30cm烤盤1個份）

海綿蛋糕麵糊

- 低筋麵粉　50g
- 細砂糖　40g
- 蛋黃　3顆
- 蛋白　3顆份
- 牛奶　20ml
- 沙拉油　2大匙
- 蜂蜜（或果糖）　1大匙（20g）

南瓜奶油夾心

- 鮮奶油　120ml
- 楓糖漿　1大匙
- 蘭姆酒　2小匙

南瓜　約⅛個（南瓜實重160g）

前置準備

+ 低筋麵粉過篩備用。
+ 烤盤內鋪上烘焙紙（或白報紙）。

作法

1. 南瓜去芯去籽，切成適當大小，以微波爐或蒸籠加熱，直到竹籤可輕易穿透的軟度。去皮後，取160g放入鋼盆，趁熱以叉子搗碎。烤箱以180℃預熱。
2. 製作海綿蛋糕。另取一鋼盆，放入蛋黃後以打蛋器打散，加入蜂蜜，攪拌混合至質地黏稠為止。然後依序加入牛奶、沙拉油（每一樣材料一次加入一點點、慢慢地倒入）、步驟1的南瓜泥60g、過篩後的低筋麵粉，然後依序攪拌成柔滑的狀態。
3. 另取一鋼盆，放入蛋白，慢慢加入細砂糖，同時以電動攪拌器打發起泡，直到完成富有光澤且狀態扎實的蛋白糖霜為止。舀一勺完成的糖霜，加入步驟2內，以打蛋器以畫圓的方式拌勻。再倒入剩下糖霜的一半份量，以矽膠刮刀從盆底向上翻拌的手法，快速而大動作地仔細混合攪拌均勻。再把攪拌完成的材料倒回仍有半份糖霜的鋼盆裡，以矽膠刮刀從盆底向上翻拌的方式，仔細混合直到看不見糖霜的白色線條為止。
4. 把麵糊倒入烤盤內，整平表面，以180℃烤箱烤約10至12分鐘。出爐後移除烤盤，讓蛋糕連同烘焙紙一起散熱（至不燙手的程度後，蓋上一層保鮮膜）。
5. 製作南瓜奶油夾心。鋼盆內放入南瓜泥100g、楓糖漿、蘭姆酒，用湯匙攪拌均勻後，再加入鮮奶油，攪拌打發直到質地呈現柔滑的狀態。
6. 組合蛋糕的方法，和左頁的步驟5以後相同。

把鮮奶油倒入南瓜泥中，
混合均勻。
如果攪拌過頭，
材料反而會分離而無法結合，
所以混合時動作要確實迅速，
只要質地變得滑順綿密即可停手。

杏仁楓糖瑞士卷

不管是楓糖口味的甜點，或把楓糖、楓糖漿和別種素材結合後所作出味覺富有深度的甜點，我都很喜歡。而當中最受我青睞的是楓糖和堅果或南瓜的組合。堅果餅乾、奶油蛋糕、南瓜馬芬、起司蛋糕……只要搭配上相當有個性的楓糖甜味，就會有一股難以言喻的幸福感。

今天我們要嘗試的，是堅果混合楓糖後產生的美麗協奏曲，並且以瑞士卷形式呈現。麵糊裡加入杏仁粉和楓糖，作出柔軟香濃的海綿蛋糕。也可以磨得極細的核桃粉來替代杏仁粉，風味不同卻一樣好吃。至於奶油夾心，則淋上了些許楓糖漿。

除了楓糖，我也喜歡改用蔗糖、黑糖等較為天然的砂糖，除了能嚐到更多層次的甜度之外，就連麵糊的顏色也會因此染成不同程度的棕黃色，相當有趣。色香味俱全的天然糖，不僅是提供甜度的調味料，如果拿來和水果、巧克力等素材相較，我覺得糖也是能擴展甜點無限可能性的材料之一。

材料（30×30cm烤盤1個份）

海綿蛋糕麵糊

- 低筋麵粉　40g
- 杏仁粉　20g
- 無鹽奶油　10g
- 楓糖　40g
- 細砂糖　20g
- 雞蛋　3顆
- 牛奶　1大匙

楓糖奶油夾心

- 鮮奶油　150ml
- 楓糖漿　1大匙
- 杏仁酒（Amaretto）　1小匙

前置準備

+ 雞蛋置於室溫下回溫。
+ 低筋麵粉和杏仁粉混合後過篩備用。
+ 烤盤內鋪上烘焙紙（或白報紙）。
+ 烤箱以180℃預熱。

作法

1 首先製作海綿蛋糕。鋼盆內放入雞蛋後以電動攪拌器打散，加入楓糖和細砂糖，整體攪拌均勻。

2 把步驟1的鋼盆底部接觸約60℃的熱水（隔水加熱），啟動電動攪拌器，以高速運轉打發蛋液。待蛋液溫度上升到與皮膚溫度接近後，即可移開熱水。持續攪拌蛋液，直到顏色變淡且質地黏稠為止（撈起時，蛋液呈現有重量感地垂落並持續不斷，尾端有如緞帶落下堆疊的模樣，並且持續一段時間才消失的狀態）。這時把電動攪拌器轉為低速，把鋼盆內材料的質地全部調整成均一的細緻度。

3 加入過篩後的低筋麵粉，以矽膠刮刀從盆底向上翻拌的手法，快速而大動作地仔細混合攪拌均勻。待整體質地呈現蓬鬆富有光澤感後，倒入已加熱後融化混合的奶油和牛奶（溫熱），以矽膠刮刀盛擋著，慢慢均勻地倒進鋼盆內後，攪拌混合成柔滑的狀態。

4 把麵糊倒入烤盤內，整平表面，以180℃烤箱烤約10至12分鐘。出爐後移除烤盤，讓蛋糕連同烘焙紙一起散熱（至不燙手的程度後，蓋上一層保鮮膜）。

5 製作楓糖奶油夾心。鋼盆內倒入鮮奶油、楓糖漿、杏仁酒，同時攪拌打發直到奶油變得細緻緊實，撈起後呈現彎曲的尖角狀（七、八分發）。

6 組合蛋糕。移除海綿蛋糕底部的烘焙紙，把顏色較深的那一面朝上後，重新放回烘焙紙上。預計作為瑞士卷尾端的部分，由內往外斜切掉一部分的蛋糕，以利收尾。把楓糖奶油夾心均勻塗抹在海綿蛋糕上（瑞士卷的起頭處可塗厚一些，而尾端斜切過的部分則不要塗）。

7 在海綿蛋糕的起點部分（靠近身體的這一側），往前推一圈作成中心。中心完成後，利用底下墊著的烘焙紙，慢慢地往前往上推，把蛋糕捲起來。完成後，把瑞士卷收尾那面朝下，以保鮮膜把整個蛋糕包起來，置於冰箱至少1小時，使其定型。

杏仁的風味與口感
能夠把甜點變得更好吃。
添加在海綿蛋糕或
奶油蛋糕裡的杏仁粉，
可以選西班牙生產的
Marcona杏仁粉。

把楓樹的樹汁濃縮後，
就是楓糖漿。
將楓糖漿繼續濃縮去除水分後，
得到的便是楓糖。
富含鈣及鉀等多種礦物質，
是大自然恩賜的天然香甜。

黃豆黑糖瑞士卷

雖然我並非養生主義者，但只要聽說什麼對身體有好處，就會想要多了解一些。但若是不好吃的東西，便不會繼續使用，所以第一個條件就是自己嚐過後覺得好吃才行。黃豆粉是以大豆磨碎製成，而大豆又被稱為「農田裡最優秀的蛋白質」，含有豐富的大豆異黃酮，能夠降低高血壓、膽固醇，可預防心臟病及癌症等。

我覺得黃豆粉和黑糖，都是既好吃又健康的食品。期許自己面對每天的三餐及甜點料理時，在適當範圍內漸漸加深對食品營養的認知，讓自己的眼睛及味蕾選擇最好的食材。

材料（30×30cm烤盤1個份）

海綿蛋糕麵糊
- 低筋麵粉　35g
- 黃豆粉　10g
- 黑糖粉　40g
- 細砂糖　20g
- 雞蛋　3顆
- 鮮奶油　2大匙

奶油夾心
- 鮮奶油　150ml
- 細砂糖　1小匙

前置準備
+ 雞蛋置於室溫下回溫。
+ 低筋麵粉和黃豆粉混合後過篩備用。
+ 烤盤內鋪上烘焙紙（或白報紙）。
+ 烤箱以180℃預熱。

作法

1. 首先製作海綿蛋糕。鋼盆內放入雞蛋後以電動攪拌器打散，加入黑糖粉和細砂糖，整體攪拌均勻。
2. 把步驟1的鋼盆底部接觸約60℃的熱水（隔水加熱），啟動電動攪拌器，以高速運轉打發蛋液。待蛋液溫度上升到與皮膚溫度接近後，即可移開熱水。持續攪拌蛋液，直到顏色變淡且質地黏稠為止（撈起時，蛋液呈現有重量感地垂落並持續不斷，尾端有如緞帶落下堆疊的模樣，並且持續一段時間才消失的狀態）。這時把電動攪拌器轉為低速，把鋼盆內材料的質地全部調整成均一的細緻度。
3. 加入過篩後的低筋麵粉，以矽膠刮刀從盆底向上翻拌的手法，快速而大動作地仔細混合攪拌均勻。待整體質地呈現蓬鬆富有光澤感後，倒入已以微波爐加熱後的鮮奶油，以矽膠刮刀盛擋著，慢慢地倒進鋼盆內後，攪拌混合成柔滑的狀態。
4. 把麵糊倒入烤盤內，整平表面，以180℃烤箱烤約10至12分鐘。出爐後移除烤盤，讓蛋糕連同烘焙紙一起散熱（至不燙手的程度後，蓋上一層保鮮膜）。
5. 製作奶油夾心。鋼盆內倒入鮮奶油和細砂糖，同時攪拌打發直到奶油變得細緻緊實，撈起後呈現彎曲的尖角狀（七、八分發）。
6. 組合蛋糕的方法，和P.65的步驟6以後相同。

黑砂糖要選用加工成細緻的粉末狀的產品。
我喜歡使用的黃豆粉是由黑豆研磨而成，帶有甜味和香氣的產品。

抹茶栗子瑞士卷

作點心時，經常選用一般市面上販售的蒸煮栗子。使用方便、口感鬆軟，味道也十分清爽。不過這次搭配這道抹茶風味海綿蛋糕的栗子，我選用糖漬栗子。晶瑩清透的黃色，有著和菓子般令人懷念的風情。

就像在日本傳統甜點舖裡點上一碗紅豆湯圓，旁邊一定會附上鹽味昆布一樣，吃完甜的總讓人想再來一點鹹食。幾年前開始，我們家固定登場的「鹹品」，是龜田製菓的「片片糕餅」，加了香氣十足的黑豆、口味又甜又鹹的年糕夾心餅。切一片薄薄的和風口味瑞士卷，再搭配一個片片糕餅。然後，又想吃甜的了，真是沒完沒了的惡性循環啊……。

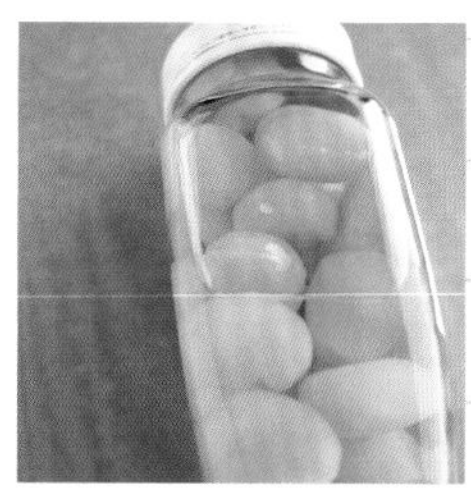

把去皮後的栗子和甜甜的糖漿一起煮熟，
就是糖漬栗子。
也可以不切小塊，
而是直接粗略搗碎後和鮮奶油混合，
作成栗子奶油也很好吃哦！

材料（30×30cm烤盤1個份）

海綿蛋糕麵糊
- 低筋麵粉　35g
- 抹茶粉　10g
- 細砂糖　65g
- 雞蛋　3顆
- 鮮奶油　2大匙

奶油夾心
- 鮮奶油　150ml
- 細砂糖　1小匙

糖漬栗子（現成）　80g

前置準備
+ 雞蛋置於室溫下回溫。
+ 栗子切小塊，置於廚房紙巾上去除水分。
+ 低筋麵粉和抹茶粉混合後過篩備用。
+ 烤盤內鋪上烘焙紙（或白報紙）。
+ 烤箱以180℃預熱。

作法

1 首先製作海綿蛋糕。鋼盆內放入雞蛋後以電動攪拌器打散，加入細砂糖，整體攪拌均勻。

2 把步驟1的鋼盆底部接觸約60℃的熱水（隔水加熱），啟動電動攪拌器，以高速運轉打發蛋液。待蛋液溫度上升到與皮膚溫度接近後，即可移開熱水。持續攪拌蛋液，直到顏色變淡且質地黏稠為止（撈起時，蛋液呈現有重量感地垂落並持續不斷，尾端有如緞帶落下堆疊的模樣，並且持續一段時間才消失的狀態）。這時把電動攪拌器轉為低速，把鋼盆內材料的質地全部調整成均一的細緻度。

3 加入過篩後的低筋麵粉，以矽膠刮刀從盆底向上翻拌的手法，快速而大動作地仔細混合攪拌均勻。待整體質地呈現蓬鬆富有光澤感後，倒入已以微波爐加熱後的鮮奶油，以矽膠刮刀盛擋著，慢慢均勻地倒進鋼盆內後，攪拌成柔滑的狀態。

4 把麵糊倒入烤盤內，整平表面，以180℃烤箱烤約10至12分鐘。出爐後移除烤盤，讓蛋糕連同烘焙紙一起散熱（至不燙手的程度後，蓋上一層保鮮膜）。

5 製作奶油夾心。鋼盆內倒入鮮奶油和細砂糖，同時攪拌打發直到奶油變得細緻緊實，撈起後呈現彎曲的尖角狀（七、八分發）。

6 組合蛋糕的方法，和P.65的步驟6以後相同。奶油夾心均勻塗抹於蛋糕上後，再撒上栗子即可。

芝麻瑞士卷

黑、白芝麻粉或炒熟芝麻，是我家常備的食材。我是「熱愛芝麻一族」的代表，無論是入菜或作甜點，芝麻都是不可或缺的好伙伴。吃飯時，總是在每樣料理上盡情地撒上芝麻，經常被老公以無言的眼神抗議；而我也總是用「聽說芝麻有很好的抗老功效喲」來回應，我行我素！

不曉得是不是被我影響的關係，最近老公居然也會不時拿起芝麻罐在菜餚上撒幾下。我想肯定是因為一直熱愛踢足球的他，希望自己能永保青春，馳騁於球場上吧！也或許是「芝麻的不老能量」在他身上起了作用。不過我想，應該他是受不了我的強力推薦，只好認輸了（苦笑）。

在嚐過許許多多芝麻口味的甜點裡，最好吃的要算是哈根達斯的「黑芝麻（Black Sesame）冰淇淋」。在混有芝麻的灰色冰淇淋上，有著大理石花紋的黑芝麻醬，香醇濃郁的芝麻香充滿味蕾，是我的最愛。

材料（30×30cm烤盤1個份）

海綿蛋糕麵糊
- 低筋麵粉　45g
- 蔗糖（或細砂糖）　35g
- 細砂糖　30g
- 雞蛋　3顆
- 鮮奶油　2大匙
- 黑芝麻粉　1大匙

芝麻奶油夾心
- 鮮奶油　150ml
- 白芝麻醬　15g
- 蜂蜜　½大匙

前置準備
- ＋雞蛋置於室溫下回溫。
- ＋低筋麵粉過篩備用。
- ＋烤盤內鋪上烘焙紙（或白報紙）。
- ＋烤箱以180℃預熱。

1 首先製作海綿蛋糕。鋼盆內放入雞蛋後以電動攪拌器打散，加入蔗糖和細砂糖，整體攪拌均勻。

2 把步驟1的鋼盆底部接觸約60℃的熱水（隔水加熱），啟動電動攪拌器，以高速運轉打發蛋液。待蛋液溫度上升到與皮膚溫度接近後，即可移開熱水。持續攪拌蛋液，直到顏色變淡且質地黏稠為止（撈起時，蛋液呈現有重量感地垂落並持續不斷，尾端有如緞帶落下堆疊的模樣，並且持續一段時間才消失的狀態）。這時把電動攪拌器轉為低速，把鋼盆內材料的質地全部調整成均一的細緻度。

3 加入過篩後的低筋麵粉和黑芝麻粉，以矽膠刮刀從盆底向上翻拌的手法，快速而大動作地仔細混合均勻。待整體質地呈現蓬鬆富有光澤感後，倒入已以微波爐加熱後的溫熱鮮奶油，以矽膠刮刀盛擋著，慢慢均勻地倒進鋼盆內後，攪拌成柔滑的狀態。

4 把麵糊倒入烤盤內，整平表面，以180℃烤箱烤約10分鐘。出爐後移除烤盤，讓蛋糕連同烘焙紙一起散熱（至不燙手的程度後，蓋上一層保鮮膜）。

5 製作芝麻奶油夾心。鋼盆內倒入白芝麻醬和蜂蜜，再慢慢倒入鮮奶油，然後攪拌打發直到奶油變得細緻緊實，撈起後呈現彎曲的尖角狀（八分發）。

6 組合蛋糕。移除海綿蛋糕底部的烘焙紙，把顏色較深的那一面朝上後，重新放回烘焙紙上。預計作為瑞士卷尾端的部分，由內往外斜切掉一部分的蛋糕，以利收尾。把芝麻奶油夾心均勻塗抹在海綿蛋糕上（瑞士卷的起頭處可塗厚一些，而尾端斜切過的部分則不要塗）。

7 在海綿蛋糕的起點部分（靠近身體的這一側），往前推一圈作成中心。中心完成後，利用底下墊著的烘焙紙，慢慢地往前往上推，把蛋糕捲起來。完成後，把瑞士卷收尾那面朝下，以保鮮膜把整個蛋糕包起來，置於冰箱至少1小時，使其定型。

白芝麻醬和黑芝麻粉。
這並非為了作點心而特別準備的，
而是家中料理常備的素材，
我只是把平常作菜用的食材
拿來作點心而已。
我最喜歡的是「山田製油」
出產的芝麻產品，
除了品質好之外，
可愛的包裝也是我喜愛它的原因之一。

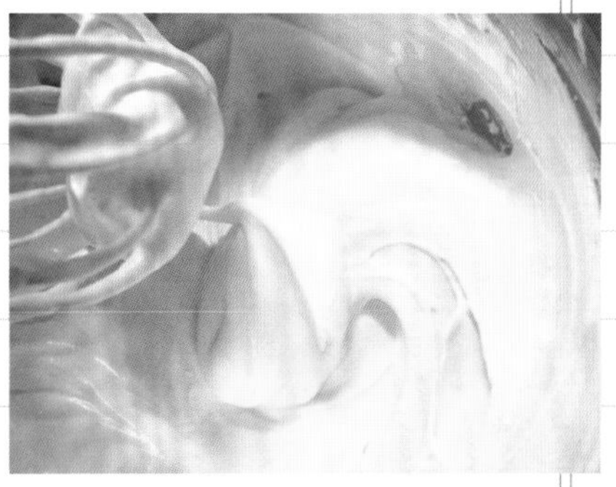

芝麻奶油夾心的作法，
是把鮮奶油慢慢加入白芝麻醬和蜂蜜裡，
然後才開始打發。
打發至蓬鬆柔滑，如圖中的濃稠度即可。

檸檬瑞士卷

即使在甜點界，也有流行或過時的現象。當某種甜點正當紅時，不管去哪家甜點屋、便利商店都看得到，連餐廳的飯後甜點也不會缺席，甚至提供外帶外送服務都不成問題。甜點躍上大舞台成為人人口中的流行話題，這現象大家都不陌生。只不過，一旦風潮過去，熱度漸歇後，那道甜點也就黯然退下舞台了。在那些我深感可惜、曾經風光一時的甜點裡，只有瑞士卷很努力地撐了下來。我想，或許因為瑞士卷本來就不是突然竄紅，而是從以前就很親民的點心。即便幾年前一度相當熱門，直到現在它仍然在甜點界佔有一席之地。

對我來說，無關乎流行與否，從以前到現在都持續地製作瑞士卷，也一直非常喜歡它。以前最常把烤得鬆厚柔軟的海綿蛋糕，塗上奶油夾心後卷成圓滾滾的模樣；最近則愛上用剛剛好的3顆蛋，作出厚薄適中的海綿蛋糕。

話雖這麼說，但這道檸檬瑞士卷，海綿蛋糕卻是薄薄的（笑）。拜海綿蛋糕變薄之賜，烤出來的模樣顯得緊實且間隙較小，我覺得塗上奶油後稍微置放一下會更好吃，所以捲好後可以等半天至一個晚上，靜置冰箱冷藏即可。

材料（30×30cm烤盤1個份）

海綿蛋糕麵糊

- 低筋麵粉　50g
- 細砂糖　55g
- 蛋黃　2顆
- 蛋白　3顆份
- 牛奶　2大匙
- 沙拉油　1大匙

檸檬奶油夾心

- 蛋黃　1顆
- 牛奶　80ml
- 細砂糖　40g
- 無鹽奶油　10g
- 檸檬汁　2大匙
- 玉米粉　1大匙

鮮奶油　80ml

裝飾用糖粉　適量

前置準備

+ 低筋麵粉過篩備用。
+ 烤盤內鋪上烘焙紙（或白報紙）。
+ 烤箱以180℃預熱。

作法

1 首先製作海綿蛋糕。鋼盆內放入蛋黃後以打蛋器打散，加入一半份量的細砂糖，攪拌打發至質地黏稠為止。

2 然後依序加入牛奶、沙拉油，每加入一樣材料時都要仔細拌勻。再加入過篩後的低筋麵粉，整體攪拌成柔滑的狀態。

3 另取一鋼盆，放入蛋白，慢慢加入細砂糖，同時以電動攪拌器打發起泡，直到完成富有光澤且狀態扎實的蛋白糖霜為止。舀一勺完成的糖霜，加入步驟2內，以打蛋器以畫圓的方式拌勻。再把剩下糖霜分成兩次加入，以矽膠刮刀從盆底向上翻拌的手法，快速而大動作地仔細混合攪拌均勻。

4 把麵糊倒入烤盤內，整平表面，以180℃烤箱烤約8至10分鐘。出爐後移除烤盤，讓蛋糕連同烘焙紙一起散熱（至不燙手的程度蓋上保鮮膜）。

5 製作檸檬奶油夾心。在耐熱容器裡放入細砂糖和玉米粉，以打蛋器拌勻，再慢慢倒入牛奶，同時攪拌使細砂糖和玉米粉溶化，不加蓋放入微波爐，加熱1分30秒至2分鐘。輕微沸騰後取出，以打蛋器快速地攪拌一下，加入蛋黃，攪拌均勻。再放回微波爐裡，加熱30秒至1分鐘，輕微沸騰後再次取出，趕快以打蛋器攪拌，防止結塊。接著加入奶油，以剩餘的熱度把奶油融化。再加入檸檬汁，把容器底部接觸冰水，一邊攪拌同時冷卻。

6 把鮮奶油打發起泡直到質地變得細緻緊實，撈起後呈現彎曲的尖角狀（八分發）。倒入步驟5裡，以矽膠刮刀混合均勻。

7 組合瑞士卷。取下海綿蛋糕底部的烘焙紙，把顏色較深的那一面朝上，放在烘焙紙上。預計作為瑞士卷尾端的部分，由內往外斜切掉一部分的蛋糕，以利收尾。把檸檬奶油夾心放在蛋糕上，整體塗抹均勻（瑞士卷的起頭處可塗厚一些，而尾端斜切過的部分則不要塗）。

8 把靠近自己身體這側的蛋糕邊緣，一口氣往前捲起，作出中心。中心完成後，利用底下墊著的烘焙紙，慢慢地往前推，把蛋糕捲起來。完成後，把瑞士卷收尾那面朝下，以保鮮膜把整個蛋糕包起來，置於冰箱至少1小時，使其定型。開動前可隨喜好撒上糖粉。

微波爐就能輕鬆
作出檸檬口味的卡士達醬。
和鮮奶油混合後，
就會呈現有如圖片中富有光澤、
入口即化的柔滑口感。

把這道蛋糕切得稍微厚一些，
再擠上鮮奶油作些裝飾，
就是一道專業的甜點店等級蛋糕了。
周圍用湯匙劃出線條，
再以含羞草或薄荷葉和糖粉妝點一下即可。

焦糖・咖啡卷

以楓糖、咖啡、焦糖這三種美妙的食材所合奏出的協奏曲，就是這道貪心又滿足的焦糖・咖啡卷。麵糊中加了堅果和巧克力碎片，甚至可以在捲好的蛋糕外，再塗上一層奶油，撒上杏仁片。就這麼放肆地在腦中盡情發揮想像力，一發不可收拾地製作出超級豐盛的點心來。不過要是這也想放，那也想加，最後會變成四不像，所以今天就把主要重點控制在三樣食材上。

手工甜點最大的好處，就是可以把喜歡的材料隨喜好自由組合，有時甚至會出現看起來不搭調，但實際上卻相當對味的有趣配方。但我畢竟還是味覺保守派，基本上還是採取簡單和樸實的作法。如果多種素材層層堆疊能夠展現美味，那我也相信，去除不必要的食材、簡樸單純的美味同樣存在。作甜點時，想兩種方法都行得通，游走於兩種作法之間取得平衡也是種樂趣。

用於奶油夾心裡的利口酒，我選擇蘭姆酒或白蘭地來搭配這款焦糖・咖啡卷。只需一點點的用量，就能為蛋糕添加一種神祕的戲劇效果。如果品嚐的對象是成人，酒量可以增加，如果完全不放酒也可以。

材料（30×30cm烤盤1個份）

海綿蛋糕麵糊

- 低筋麵粉　45g
- 楓糖（或細砂糖）　35g
- 細砂糖　30g
- 雞蛋　3顆
- 鮮奶油　2大匙
- 即溶咖啡粉　1大匙

焦糖醬

- 細砂糖　30g
- 水　1小匙
- 鮮奶油　50ml

奶油夾心

- 鮮奶油　120ml
- 細砂糖　1小匙
- 喜好的利口酒　½小匙

前置準備

+ 雞蛋置於室溫下回溫。
+ 低筋麵粉過篩備用。
+ 烤盤內鋪上烘焙紙（或白報紙）。
+ 烤箱以180℃預熱。

作法

1 首先製作海綿蛋糕。鋼盆內放入雞蛋後以打蛋器攪散，加入楓糖和細砂糖，整體攪拌均勻。

2 把步驟1的鋼盆底部接觸約60℃的熱水（隔水加熱），啟動電動攪拌器（或持打蛋器），以高速運轉打發蛋液。待蛋液溫度上升到與皮膚溫度接近後，即可移開熱水。持續攪拌蛋液，直到顏色變淡且質地黏稠為止（撈起時，蛋液呈現有重量感地垂落並持續不斷，尾端有如緞帶落下堆疊的模樣，並且持續一段時間才消失的狀態）。這時把電動攪拌器轉為低速，把鋼盆內材料的質地全部調整成均一的細緻度。

3 加入過篩後的低筋麵粉，以矽膠刮刀從盆底向上翻拌的手法，快速而大動作地仔細混合攪拌均勻。待整體質地呈現蓬鬆富有光澤感後，倒入已以微波爐加熱後的溫熱鮮奶油和即溶咖啡粉混合後的咖啡鮮奶油，攪拌混合成柔滑的狀態。

4 把麵糊倒入烤盤內，整平表面，以180℃烤箱烤約10分鐘。出爐後移除烤盤，讓蛋糕連同烘焙紙一起散熱（至不燙手的程度後，蓋上一層保鮮膜）。

5 製作焦糖醬。取一小鍋，放入細砂糖和水，以中火加熱，不要搖晃鍋子，待砂糖溶化。等到糖水邊緣出現焦化狀後，輕輕搖動鍋子使其混合均勻，煮成個人喜好的焦糖色後即可熄火。然後以微波爐或另一小鍋加熱鮮奶油後，慢慢倒入焦糖鍋內，同時以木杓混合均勻。

6 製作奶油夾心。鋼盆內倒入鮮奶油、細砂糖、利口酒，然後攪拌打發直到奶油變得細緻緊實，撈起後呈現彎曲的尖角狀（七、八分發）。

7 組合蛋糕。移除海綿蛋糕底部的烘焙紙，把顏色較深的那一面朝上後，重新放回烘焙紙上。預計作為瑞士卷尾端的部分，由內往外斜切掉一部分的蛋糕，以利收尾。把焦糖醬均勻淋在海綿蛋糕上，再均勻塗抹上奶油夾心（瑞士卷的起頭處可塗厚一些，而尾端斜切過的部分則不要塗）。

8 在海綿蛋糕的起點部分（靠近身體的這一側），往前推一圈作成中心。中心完成後，利用底下墊著的烘焙紙，慢慢地往前往上推，把蛋糕捲起來。完成後，把瑞士卷收尾那面朝下，以保鮮膜把整個蛋糕包起來，置於冰箱至少1小時，使其定型。

把加熱過的鮮奶油倒入煮好的焦糖鍋內時，
要小心焦糖會噴濺出來。
緩緩地以木杓攪拌均勻，
直到呈現出圖片中的狀態後，即可淋在海綿蛋糕上。

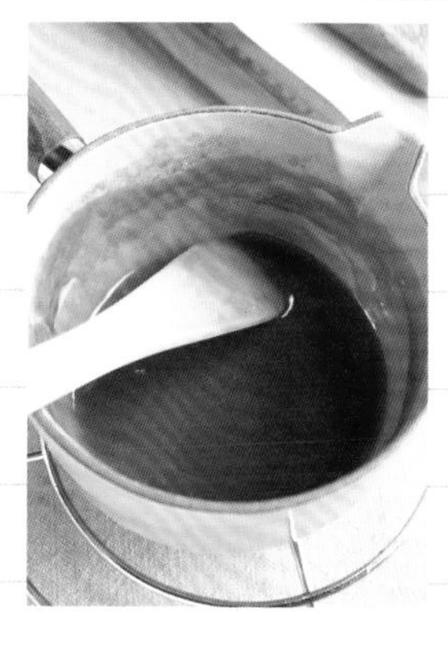

在海綿蛋糕上淋滿焦糖醬。

比起直接把整片海綿蛋糕捲起來，
可以先把蛋糕對半切開後再分別捲起，會容易許多。
這麼一來，即使不借助下方烘焙紙的幫忙，
也可以捲得很順利哦！

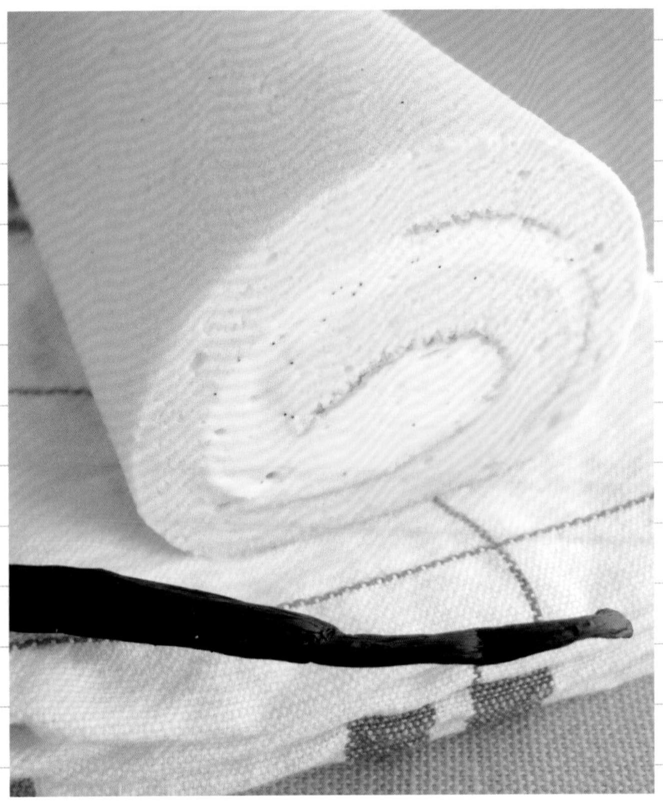

卡士達奶油舒芙蕾卷

以製作舒芙蕾的方法所烤出來的這款瑞士卷，加入了奶油和大量牛奶，柔軟濕潤、飽滿又有彈性的口感，是我最得意的地方。雖然作法上並沒有獨到之處，但在混合奶油、牛奶和麵粉時，加入蛋黃偏多的蛋液，這個步驟比想像中來得有難度。有一天一口氣連續烤了6片舒芙蕾海綿蛋糕的我有點頭暈目眩卻又充滿成就感，心境挺複雜的。在優雅從容地親手製作甜點的美好幻想中，真正現實的場景卻是意志力和體力的雙重挑戰。不過，就算完成後忍不住說「好累呀」，但只要吃一口那入口即化的蛋糕，所得到的愉快滿足感，讓我再作幾次都心甘情願。

這道蛋糕裡所包覆的奶油夾心，是以卡士達醬和鮮奶油混合而成的Diplomat奶油。以鍋子盛裝以火加熱所作出來的卡士達醬，當然是最好吃的；不過為了和鮮奶油混合，只需要些微溫熱即可的時候，以微波爐加熱就很方便了。加入香草籽，會讓人有種「這個蛋糕很費工夫製作」的錯覺，所以每當偷懶使用微波爐時，就會偷偷地放些香草籽。

材料（30×30cm烤盤1個份）

海綿蛋糕麵糊

- 低筋麵粉　40g
- 無鹽奶油　30g
- 細砂糖　80g
- 雞蛋　1顆
- 蛋黃　3顆
- 蛋白　3顆份
- 牛奶　100ml

卡士達醬

- 蛋黃　1顆
- 細砂糖　25g
- 玉米粉　½大匙
- 無鹽奶油　10g
- 牛奶　80ml
- 香草莢　¼根（或香草精少許）

奶油夾心

- 鮮奶油　100ml
- 蘭姆酒　1小匙

前置準備

+ 海綿蛋糕用的雞蛋和蛋黃，置於室溫下回溫。
+ 低筋麵粉過篩備用。
+ 烤盤內鋪上烘焙紙（或白報紙）。
+ 烤箱以180℃預熱。

作法

1 首先製作海綿蛋糕。把奶油和牛奶放入鍋中，以中火加熱，待奶油溶化、牛奶略微煮沸後熄火，倒入過篩後的麵粉，以木杓整體混合均匀至不黏鍋的呈度。慢慢加入已打散的蛋汁（雞蛋＋蛋黃），同時以木杓不停攪拌（一開始需要花點力氣，等蛋汁全部拌匀後，質地會呈現柔滑狀）。

2 另取一鋼盆，放入蛋白，慢慢加入細砂糖同時打發起泡，直到完成富有光澤且狀態扎實的蛋白糖霜為止。

3 在步驟1的鍋裡加入⅓份量的步驟2的蛋白糖霜，以打蛋器以畫圓的方式攪拌均匀成柔滑細緻狀。然後倒回蛋白糖霜的鋼盆內，再以矽膠刮刀大動作且俐落地混合均匀。

4 把麵糊倒入烤盤內，整平表面，以180℃烤箱烤約12分鐘。出爐後以竹籤戳刺中心，如果拔出後沒有沾附麵糊，表示完成。移除烤盤，讓蛋糕連同烘焙紙一起散熱（至不燙手的程度後，蓋上一層保鮮膜）。

5 製作卡士達醬。在耐熱容器裡放入細砂糖和玉米粉，以打蛋器混合均匀，然後注入牛奶，攪拌使砂糖和玉米粉溶解。香草莢縱向切開後，取出中間的香草籽，加入牛奶中。不加蓋，以微波爐加熱1分30秒至2分鐘，略微沸騰後取出，以打蛋器快速攪拌均匀，加入蛋黃，再迅速拌匀。再次以微波爐加熱30秒至1分鐘，略微沸騰後取出、快迅拌匀，防止結塊。然後加入奶油，利用餘熱使其溶解（如果用的是香草精而非香草籽，請在這個步驟加入）。容器底部接觸冰水，同時攪拌，徹底冷卻。

6 製作奶油夾心。另取一鋼盆，放入鮮奶油和蘭姆酒，攪拌打發直到奶油變得綿密細緻緊實，撈起後呈現站立的尖角狀（八、九分發）。倒入步驟5的卡士達醬，以矽膠刮刀快速俐落地混合均匀。

7 組合蛋糕。移除海綿蛋糕底部的烘焙紙，把顏色較深的那一面朝上後，重新放回烘焙紙上。預計作為瑞士卷尾端的部分，由內往外斜切掉一部分的蛋糕，以利收尾。把奶油夾心均匀塗抹在海綿蛋糕上（瑞士卷的起頭處可塗厚一些，而尾端斜切過的部分則不要塗）。

8 在海綿蛋糕的起點部分（靠近身體的這一側），往前推一圈作成中心。中心完成後，利用底下墊著的烘焙紙，慢慢地往前往上推，把蛋糕捲起來。完成後，把瑞士卷收尾那面朝下，以保鮮膜把整個蛋糕包起來，置於冰箱至少1小時，使其定型。

只要以一個耐熱容器，
微波爐幾分鐘就能完成的卡士達醬。
口感可是不容小覷呢！
一想到作卡士達醬就嫌麻煩的我，
自從記住使用微波爐的
簡易作法流程後，
卡士達醬出現的次數
也不知不覺增多了。

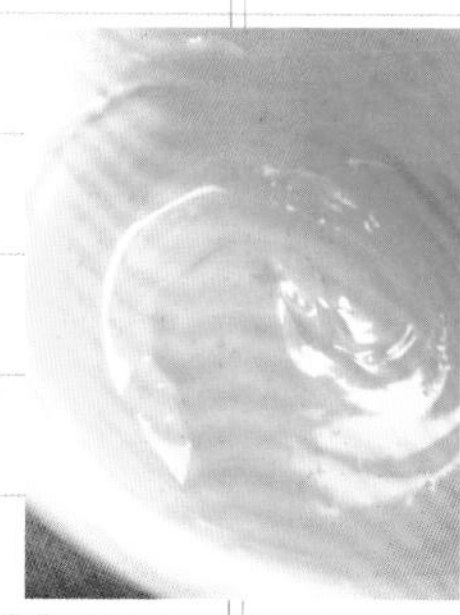

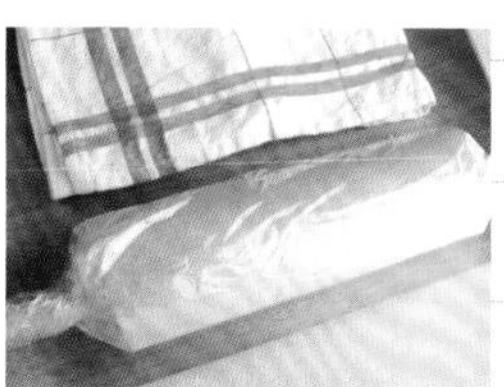

當然，舒芙蕾海綿蛋糕就算只塗上鮮奶油也很好吃。
只要用150ml鮮奶油、½大匙細砂糖、1小匙蘭姆酒，
全部拌匀後打發成柔滑黏稠的程度即可。
此外，若烤盤內鋪的是白報紙，
烤好的海綿蛋糕表面就會跟圖片中相同。

紅茶白巧克力舒芙蕾卷

經常有人說：「喜歡作料理的人，同樣也喜歡食器。」當然我也是個喜愛食器的人。只不過我的想法似乎有點顛倒，覺得把食器備齊之後，自然能打起精神，作出好吃的料理。擁有強大的食器兵團可以為料理加把勁，我頂著這冠冕堂皇的理由陸陸續續買了許多鍋碗瓢盆，但數量卻和我實際進出廚房的次數不成正比，真是令人汗顏哪……哈哈哈。

這幾年深受日式食器的吸引，開始蒐集充滿手作溫度的陶器製品。不過其實最常用的，還是白色的瓷器。不管是日式、西洋、中式料理都百搭之外，上菜時也完全不用傷腦筋，總是能讓餐桌輕鬆地呈現出清爽的氛圍。尤其我是洗碗機的重度使用者，所以耐用又便宜的白色餐具正是我的好伙伴。尤其重視「便宜」這點，若使用高貴的器皿，總不免擔心破了怎麼辦？裂了怎麼辦？然後不敢使用而束之高閣，未免可惜。粗心的我，還是適合簡單耐用的食器，就連我最常用來盛裝瑞士卷的白色點心盤，也是在商店裡找到的特價骨瓷。

材料（30×30cm烤盤1個份）

海綿蛋糕麵糊

- 低筋麵粉　40g
- 紅茶葉　4g（紅茶包2包）
- 無鹽奶油　30g
- 細砂糖　80g
- 雞蛋　1顆
- 蛋黃　3顆
- 蛋白　3顆份
- 牛奶　100ml

奶油夾心

- 烘焙用白巧克力　35g
- 鮮奶油　150ml
- 橙酒（Grand Marnier）　1小匙

前置準備

+ 雞蛋和蛋黃，置於室溫下回溫。
+ 紅茶葉磨成細末（若使用茶包則不需再磨）。
+ 低筋麵粉過篩備用。
+ 烤盤內鋪上烘焙紙（或白報紙）。
+ 巧克力切碎成細末。
+ 烤箱以180℃預熱。

作法

1 首先製作海綿蛋糕。把奶油和牛奶倒入鍋中，以中火加熱，待奶油溶化、牛奶略微煮沸後熄火，倒入過篩後的麵粉和紅茶葉，以木杓整體混合均勻至不黏鍋的呈度。慢慢加入已打散的蛋汁（雞蛋＋蛋黃），同時以木杓不停攪拌（一開始需要花點力氣，等蛋汁全部拌勻後，質地會呈現柔滑狀）。

2 另取一鋼盆，放入蛋白，慢慢加入細砂糖同時打發起泡，直到完成富有光澤且狀態扎實的蛋白糖霜為止。

3 在步驟1的鍋裡加入⅓份量步驟2的蛋白糖霜，以打蛋器以畫圓的方式攪拌均勻成柔滑細緻狀。然後倒回蛋白糖霜的鋼盆內，再以矽膠刮刀大動作且俐落地混合均勻。

4 把麵糊倒入烤盤內，整平表面，以180℃烤箱烤約12分鐘。出爐後以竹籤戳刺中心，如果拔出後沒有沾附麵糊，表示完成。移除烤盤，讓蛋糕連同烘焙紙一起散熱（至不燙手的程度後，蓋上一層保鮮膜）。

5 製作奶油夾心。在小的鋼盆裡放入白巧克力，鋼盆底部接觸約60℃的熱水，以隔水加熱的方式溶化巧克力。或以微波爐加熱方式溶解也可以。完成後倒入較大的鋼盆裡，慢慢加入鮮奶油（一口氣倒進去巧克力會結塊），攪拌成柔滑細緻的狀態後，再加入橙酒，攪拌打發直到奶油變得細緻緊實，撈起後呈現彎曲的尖角狀（七、八分發）。

6 組合蛋糕。移除海綿蛋糕底部的烘焙紙，把顏色較深的那一面朝上後，重新放回烘焙紙上。預計作為瑞士卷尾端的部分，由內往外斜切掉一部分的蛋糕，以利收尾。把奶油夾心均勻塗抹在海綿蛋糕上（瑞士卷的起頭處可塗厚一些，而尾端斜切過的部分則不要塗）。

7 在海綿蛋糕的起點部分（靠近身體的這一側），往前推一圈作成中心。中心完成後，利用底下墊著的烘焙紙，慢慢地往前往上推，把蛋糕捲起來。完成後，把瑞士卷收尾那面朝下，以保鮮膜把整個蛋糕包起來，置於冰箱至少1小時，使其定型。

依據紅茶葉加入的時間，
蛋糕也會呈現不同的滋味。
如果在一開始就和奶油、
牛奶一起煮，
紅茶味會揮發得相當徹底，
近似皇家奶茶的風味。
而若是在熄火後才投入茶葉，
則會作出紅茶香味溫和
柔軟的蛋糕。

口感溫醇的白巧克力奶油夾心，
和其他口味的瑞士卷也很對味。
把原料中的利口酒換成蘭姆酒，
搭配原味的海綿蛋糕；
或換掉利口酒，搭配抹茶口味海綿蛋糕都可以。
大家都可以試著搭配出自己最喜歡的組合哦！

橙香舒芙蕾卷

在法國菜或義大利餐廳裡用餐時，經常可以在前菜或沙拉、魚或肉類料理上桌時，看見餐盤裡搭配著柑橘或葡萄柚所做成的沾醬。只要吃到這樣的料理，就會忍不住想回家試作看看。但是每次挑戰的結果，總是覺得哪裡不太對勁。在餐廳裡吃到的是絕佳風味，作出來的卻是微妙的口感。果真作菜時添加那決定性的神來一筆，才是專業級的技巧啊！不過，對於製作混入橙皮的蛋糕、加了橙酒的奶油、以橙酒醃漬過的柑橘，我可是很有自信呢！

我的朋友A，偶爾會舉辦料理品嚐大會。在某次聚會裡，有一道柳橙果醬肋排吸引了我。我聽過柳橙果醬可以拿來入菜，但從未品嚐或試作過，因而相當令我好奇。在鍋裡燉得軟嫩的肋排，比想像中更加美味，讓我驚奇不已。在那之後，這道菜也偶爾出現在我家餐桌上了呢！

材料（30×30cm烤盤1個份）

海綿蛋糕麵糊

- 低筋麵粉　40g
- 無鹽奶油　30g
- 細砂糖　70g
- 雞蛋　1顆
- 蛋黃　3顆
- 蛋白　3顆份
- 牛奶　100ml
- 糖漬橙皮　50g

奶油夾心

- 鮮奶油　150ml
- 細砂糖　½大匙
- 橙酒（Grand Marnier）　1小匙

柳橙　1顆

- 細砂糖　½大匙
- 橙酒（Grand Marnier）　½大匙

前置準備

+ 雞蛋和蛋黃，置於室溫下回溫。
+ 低筋麵粉過篩備用。
+ 烤盤內鋪上烘焙紙（或白報紙）。
+ 烤箱以180℃預熱。

作法

1 首先製作海綿蛋糕。把奶油和牛奶倒入鍋中，以中火加熱，待奶油溶化、牛奶略微煮沸後熄火，倒入過篩後的麵粉，以木杓整體混合均勻至不黏鍋的呈度。慢慢加入已打散的蛋汁（雞蛋＋蛋黃），同時以木杓不停攪拌（一開始需要花點力氣，等蛋汁全部拌勻後，質地會呈現柔滑狀）。再加入橙皮，拌勻。

2 另取一鋼盆，放入蛋白，慢慢加入細砂糖同時打發起泡，直到完成富有光澤且狀態扎實的蛋白糖霜為止。

3 在步驟1的鍋裡加入⅓份量的步驟2的蛋白糖霜，以打蛋器以畫圓的方式攪拌均勻成柔滑細緻狀。然後倒回蛋白糖霜的鋼盆內，再以矽膠刮刀大動作且俐落地混合均勻。

4 把麵糊倒入烤盤內，整平表面，以180℃烤箱烤約12分鐘。出爐後以竹籤戳刺中心，如果拔出後沒有沾附麵糊，表示完成。移除烤盤，讓蛋糕連同烘焙紙一起散熱（至不燙手後，蓋上一層保鮮膜）。

5 柳橙去皮，切成適當大小後，和細砂糖、橙酒混合拌勻。

6 製作奶油夾心。鋼盆內倒入鮮奶油、細砂糖、橙酒，然後攪拌打發直到奶油變得細緻緊實，撈起後呈現彎曲的尖角狀（七、八分發）。

7 組合蛋糕。移除海綿蛋糕底部的烘焙紙，把顏色較深的那一面朝上後，重新放回烘焙紙上。預計作為瑞士卷尾端的部分，由內往外斜切掉一部分的蛋糕，以利收尾。把奶油夾心均勻塗抹在海綿蛋糕上（瑞士卷的起頭處可塗厚一些，而尾端斜切過的部分則不要塗），接著隨意擺放上步驟5的柳橙（稍微瀝掉水分）。

8 在海綿蛋糕的起點部分（靠近身體的這一側），往前推一圈作成中心。中心完成後，利用底下墊著的烘焙紙，慢慢地往前往上推，把蛋糕捲起來。完成後，把瑞士卷收尾那面朝下，以保鮮膜把整個蛋糕包起來，置於冰箱至少1小時，使其定型。

我愛用的糖漬橙皮
是比較柔軟濕潤的種類。
把橙皮換成黃檸檬皮，
完成後的瑞士卷口味更為清爽。

蘭姆酒和橙酒（Grand Marnier）
在許多道點心裡都用得上，
是我不可或缺的兩款利口酒。
特別喜歡以深褐色的Grand Marnier
來增加味道上的濃郁度與強度；
而無色透明的君度橙酒（Cointreau），
則能為甜點調味出鮮明芳香的橙香來。

抹茶舒芙蕾卷

作點心時用的抹茶，在茶行買比較安心。除了品質較有保障之外，在享用抹茶口味的點心時，也能同時品嚐點心裡真正的抹茶滋味。雖然我不懂茶道，但總是希望至少堅持一些「茶菓子道」（笑）。

即使抹茶都只有小小的一罐，也會不厭其煩地上茶店專程買回來，因為我非常喜歡茶行裡芬芳的香氣和獨有的氣氛。在家裡，我一般喝的是日本的番茶（註）或焙茶。茶湯顏色呈現深褐色的日本茶，喝再多也不會對身體造成負擔，所以我一整天下來喝的量其實不少。仔細想想還挺嚇人的。

在京都，有間名叫「一保堂茶舖」的茶行，店裡設有專屬的空間，讓客人能放鬆心情享用熱茶或茶點。就算在家裡泡的也是同一款茶，但在店裡喝起來，滋味總是說不出來的美妙，我想或許是因為店裡特殊的氣氛所施展的魔法。幾年前我跟朋友T一起造訪一保堂時，在店裡喝下不知多少杯的焙茶。如今回想起來仍忍不住失笑，那真是非常非常開心的時刻。

註：番茶（ばんちゃ）是日本綠茶的一種，使用茶尖嫩芽以下、尺寸較大的葉子焙製而成，夏秋兩季採收的茶葉也稱為番茶。

材料（30×30cm烤盤1個份）

海綿蛋糕麵糊

- 低筋麵粉　30g
- 抹茶粉　10g
- 無鹽奶油　30g
- 細砂糖　80g
- 雞蛋　1顆
- 蛋黃　3顆
- 蛋白　3顆份
- 牛奶　100ml

奶油夾心

- 抹茶粉　1小匙
- 鮮奶油　150ml
- 細砂糖　½至1大匙

前置準備

+ 雞蛋和蛋黃，置於室溫下回溫。
+ 低筋麵粉和抹茶粉混合後過篩備用。
+ 烤盤內鋪上烘焙紙（或白報紙）。
+ 烤箱以180℃預熱。

作法

1 首先製作海綿蛋糕。把奶油和牛奶倒入鍋中，以中火加熱，待奶油溶化、牛奶略微煮沸後熄火，倒入過篩後的麵粉和抹茶粉，以木杓整體混合均勻（要攪拌成不黏鍋的呈度有點困難，只要拌勻即可）。慢慢加入已打散的蛋汁（雞蛋＋蛋黃），同時以木杓不停攪拌（一開始需要花點力氣，等蛋汁全部拌勻後，質地會呈現柔滑狀）。

2 另取一鋼盆，放入蛋白，慢慢加入細砂糖同時打發起泡，直到完成富有光澤且狀態扎實的蛋白糖霜為止。

3 在步驟1的鍋裡加入⅓份量的步驟2的蛋白糖霜，以打蛋器以畫圓的方式攪拌均勻成柔滑細緻狀，然後全部倒回蛋白糖霜的鋼盆內，再以矽膠刮刀大動作且俐落地混合均勻。

4 把麵糊倒入烤盤內，整平表面，以180℃烤箱烤約12分鐘。出爐後以竹籤戳刺中心，如果拔出後沒有沾附麵糊，表示完成。移除烤盤，讓蛋糕連同烘焙紙一起散熱（至不燙手的程度後，蓋上一層保鮮膜）。

5 製作奶油夾心。抹茶粉過篩後倒入鋼盆內，再加入細砂糖，以打蛋器畫圖的方式混合均勻。接著慢慢倒入鮮奶油（一口氣全部倒進去會結塊，請小心），然後攪拌均勻，使抹茶粉和細砂糖溶化後，攪拌打發直到奶油變得細緻緊實，撈起後呈現彎曲的尖角狀（七、八分發）。

6 組合蛋糕。移除海綿蛋糕底部的烘焙紙，把顏色較深的那一面朝上後，重新放回烘焙紙上。預計作為瑞士卷尾端的部分，由內往外斜切掉一部分的蛋糕，以利收尾。把奶油夾心均勻塗抹在海綿蛋糕上（瑞士卷的起頭處可塗厚一些，而尾端斜切過的部分則不要塗）。

7 在海綿蛋糕的起點部分（靠近身體的這一側），往前推一圈作成中心。中心完成後，利用底下墊著的烘焙紙，慢慢地往前往上推，把蛋糕捲起來。完成後，把瑞士卷收尾那面朝下，以保鮮膜把整個蛋糕包起來，置於冰箱至少1小時，使其定型。

抹茶粉的種類從顏色到口味的濃淡變化皆不同，
有許多選擇。選擇抹茶粉時，
同時在腦中愉快幻想著
「這款抹茶粉作的點心會是什麼味道呢？」，
相當有趣。
最近我喜歡的是京都・一保堂茶舖的抹茶粉。
要讓抹茶粉和麵糊或奶油完美地結合，
一定要事前將抹茶粉仔細過篩去除結塊，
這點很重要！

栗子奶油舒芙蕾卷

季節到了秋天，最想動手作的就是這道栗子奶油舒芙蕾卷。伴隨著對季節變化的感受，我選用一般市面上現成的蒸煮栗子或糖漬栗子，取代自己動手處理新鮮生栗。其實一年四季隨時都能端出栗子口味的點心，不過透過應景食材來感受四季變化，也是挺重要的。

如果收到來自產地的新鮮栗子，反而不會用它來作甜點，而是蒸熟後直接享用。把剛剛蒸好、還熱呼呼的栗子，以刀子對半切開後，拿著小湯匙直接舀出來吃最棒了，不過，有時候會發現躲在栗子裡的小毛蟲，有點嚇人，所以我切栗子時總是戰戰兢兢的。

材料（30×30cm烤盤1個份）

海綿蛋糕麵糊

- 低筋麵粉　40g
- 無鹽奶油　30g
- 細砂糖　80g
- 雞蛋　1顆
- 蛋黃　3顆
- 蛋白　3顆份
- 牛奶　100ml

奶油夾心

- 蒸熟的栗子或糖漬栗子（現成的即可）　100g
- 鮮奶油　120ml
- 細砂糖　½小匙
- 蘭姆酒　1小匙

前置準備

+ 雞蛋和蛋黃，置於室溫下回溫。
+ 低筋麵粉過篩備用。
+ 烤盤內鋪上烘焙紙（或白報紙）。
+ 烤箱以180℃預熱。

作法

1 首先製作海綿蛋糕。把奶油和牛奶倒入鍋中，以中火加熱，待奶油溶化、牛奶略微煮沸後熄火，倒入過篩後的麵粉，以木杓整體混合均勻至不黏鍋的呈度。慢慢加入已打散的蛋汁（雞蛋＋蛋黃），同時以木杓不停攪拌（一開始需要花點力氣，等蛋汁全部拌勻後，質地會呈現柔滑狀）。

2 另取一鋼盆，放入蛋白，慢慢加入細砂糖同時打發起泡，直到完成富有光澤且狀態扎實即可。

3 在步驟1的鍋裡加入⅓份量步驟2的蛋白糖霜，以打蛋器以畫圓的方式攪拌均勻成柔滑細緻狀，然後全部倒回蛋白糖霜的鋼盆內，再以矽膠刮刀大動作且俐落地混合均勻。

4 把麵糊倒入烤盤內，整平表面，以180℃烤箱烤約12分鐘。出爐後以竹籤戳刺中心，如果拔出後沒有沾附麵糊，表示完成。移除烤盤，讓蛋糕連同烘焙紙一起散熱（至不燙手後，蓋上一層保鮮膜）。

5 製作奶油夾心。鋼盆內放入栗子，用叉子搗碎，加入鮮奶油、細砂糖、蘭姆酒，攪拌打發直到奶油變得細緻緊實，撈起後呈現彎曲的尖角狀（七、八分發）。

6 組合蛋糕。移除海綿蛋糕底部的烘焙紙，把顏色較深的那一面朝上後，重新放回烘焙紙上。預計作為瑞士卷尾端的部分，由內往外斜切掉一部分的蛋糕，以利收尾。把奶油夾心均勻塗抹在海綿蛋糕上（瑞士卷的起頭處可塗厚一些，而尾端斜切過的部分則不要塗）。

7 在海綿蛋糕的起點部分（靠近身體的這一側），往前推一圈作成中心。中心完成後，利用底下墊著的烘焙紙，慢慢地往前往上推，把蛋糕捲起來。完成後，把瑞士卷收尾那面朝下，以保鮮膜把整個蛋糕包起來，置於冰箱至少1小時，使其定型。

又甜又軟的「Kastanie」，
為義大利產的栗子經高壓蒸煮後的熟栗。
或用一般的蒸栗、糖漬栗子也行。
這裡示範的作法是
把栗子搗碎後和奶油混合成夾心。
還有一種作法是先塗抹奶油夾心後，
再把栗子排列在海綿蛋糕的起捲處，
作為中心後，再捲成瑞士卷。
稍微改變一下作法，
這天的瑞士卷也會變得很不一樣喔！

草莓可可舒芙蕾卷

這道瑞士卷的海綿蛋糕，除了口感鬆軟入口即化之外，作法上其實更接近泡芙的作法。鍋裡的牛奶和奶油煮沸後，加入麵粉拌勻，再慢慢倒入蛋汁，以重複拌揉的方式攪拌均勻。以前在進行拌揉步驟時，會使用矽膠刮刀，雖然辛苦，不過我告訴自己：「在一次次的拌揉中，透過手感來感受麵糊質地改變，很有意義啊！」這種油然而生的成就感，現在已經完全被電動攪拌器的輕鬆方便取而代之了（笑）。

這裡所示範的是可可口味版本。略帶苦味的可可口味海綿蛋糕，捲入鮮奶油及新鮮草莓，無論是視覺上色彩的對比或口味上的層層堆疊，都是一道充滿成熟風情又帶點俏皮的瑞士卷。新鮮草莓切成小塊後，可以和奶油混合成夾心，或在海綿蛋糕起捲處排排站也行。如果以新鮮的覆盆子來作也相當好吃，或沒有水果、簡單地把海綿蛋糕和奶油夾心組合起來，當然也很棒。

材料（30×30cm烤盤1個份）

海綿蛋糕麵糊

- 低筋麵粉　20g
- 可可粉　20g
- 無鹽奶油　30g
- 細砂糖　85g
- 雞蛋　1顆
- 蛋黃　3顆
- 蛋白　3顆份
- 牛奶　100ml

奶油夾心

- 鮮奶油　150ml
- 細砂糖　½大匙
- 櫻桃酒（或喜好的利口酒）　½小匙

新鮮草莓　約⅓盒

前置準備

+ 雞蛋和蛋黃，置於室溫下回溫。
+ 低筋麵粉和可可粉混合後過篩備用。
+ 烤盤內鋪上烘焙紙（或白報紙）。
+ 烤箱以180℃預熱。

作法

1 首先製作海綿蛋糕。把奶油和牛奶倒入鍋中，以中火加熱至沸騰。熄火，倒入過篩後的麵粉和可可粉，以矽膠刮刀或木杓攪拌均勻至不黏鍋的呈度。

2 慢慢加入已打散的蛋汁（雞蛋＋蛋黃），同時不停攪拌（一開始先以矽膠刮刀，等麵糊均勻後再換打蛋器攪拌。或直接使用電動攪拌器或電動攪拌棒來混合也可以。電動攪拌器的攪拌棒只需裝1根）。

3 另取一鋼盆，放入蛋白，慢慢加入細砂糖同時以電動攪拌器打發起泡，直到完成富有光澤且狀態扎實的蛋白糖霜為止。取⅓份量的蛋白糖霜倒入步驟2裡，以打蛋器以畫圓的方式攪拌均勻成柔滑細緻狀，然後全部倒回蛋白糖霜的鋼盆內，再以矽膠刮刀從盆底向上舀的方式，俐落地混合均勻。

4 把麵糊倒入烤盤內，整平表面，以180℃烤箱烤約12分鐘。出爐後以竹籤戳刺中心，如果拔出後沒有沾附麵糊，表示完成。移除烤盤，讓蛋糕連同烘焙紙一起散熱（至不燙手的程度後，蓋上一層保鮮膜）。

5 製作奶油夾心。鋼盆內倒入鮮奶油、細砂糖、櫻桃酒，然後攪拌打發直到奶油變得細緻緊實，撈起後呈現彎曲的尖角狀（七、八分發）。

6 組合蛋糕。移除海綿蛋糕底部的烘焙紙，把顏色較深的那一面朝上後，重新放回烘焙紙上。預計作為瑞士卷尾端的部分，由內往外斜切掉一部分的蛋糕，以利收尾。把奶油夾心均勻塗抹在海綿蛋糕上（瑞士卷的起頭處可塗厚一些，而尾端斜切過的部分則不要塗）隨意放上切成小塊的草莓。

7 在海綿蛋糕的起點部分（靠近身體的這一側），往前推一圈作成中心。中心完成後，利用底下墊著的烘焙紙，慢慢地往前往上推，把蛋糕捲起來。完成後，把瑞士卷收尾那面朝下，以保鮮膜把整個蛋糕包起來，置於冰箱至少1小時，使其定型。

把奶油夾心均勻塗抹在海綿蛋糕上後，
隨意散放上切成小塊的草莓，
再由內往外捲起成形。
隨著練習的次數增加，
蛋糕也會越捲越順手哦！

茶香瑞士卷

材料（30×30cm烤盤1個份）

海綿蛋糕麵糊

- 低筋麵粉　45g
- 細砂糖　70g
- 雞蛋　3顆
  - 鮮奶油　3大匙
  - 紅茶葉　4g（紅茶包2包）

奶油夾心

- 鮮奶油　150ml
- 細砂糖　1小匙
- 紅茶酒（非必要）　1小匙

前置準備

- 雞蛋置於室溫下回溫。
- 紅茶葉切成細碎（茶包則不用再切過），和鮮奶油混合備用。
- 低筋麵粉過篩備用。
- 烤盤內鋪上烘焙紙（或白報紙）。
- 烤箱以180℃預熱。

作法

1. 首先製作海綿蛋糕。鋼盆裡打入雞蛋後以電動攪拌器打散，加入細砂糖，混合均勻。
2. 鋼盆底部接觸約60℃熱水（隔水加熱），同時以電動攪拌器高速打發，待蛋液溫度上升到與皮膚溫度接近後，即可移開熱水。持續攪拌蛋液，直到顏色變淡且質地黏稠為止（撈起時，蛋液呈現有重量感地垂落並持續不斷，尾端有如緞帶落下堆疊的模樣，並且持續一段時間才消失的狀態）。這時把電動攪拌器轉為低速，調整鋼盆內材料的質地成均一的細緻度。
3. 加入過篩後的低筋麵粉，以矽膠刮刀從盆底向上翻拌的手法，快速而大動作地仔細混合攪拌均勻。待整體質地呈現蓬鬆富有光澤感後，以矽膠刮刀盛擋著，均勻地在表面倒入微波爐加熱後的溫熱鮮奶油和紅茶葉，攪拌混合成柔滑的狀態。
4. 把麵糊倒入烤盤內，整平表面，以180℃烤箱烤約10至12分鐘。出爐後移除烤盤，讓蛋糕連同烘焙紙一起散熱（至不燙手的程度後，蓋上一層保鮮膜）。
5. 製作奶油夾心。鋼盆內倒入鮮奶油、細砂糖、紅茶酒，然後攪拌打發直到奶油變得細緻緊實，撈起後呈現彎曲的尖角狀（七、八分發）。
6. 組合蛋糕。移除海綿蛋糕底部的烘焙紙，把顏色較深的那一面朝上後，重新放回烘焙紙上。預計作為瑞士卷尾端的部分，由內往外斜切掉一部分的蛋糕，以利收尾。把奶油夾心均勻塗抹於海綿蛋糕上（瑞士卷的起頭處可塗厚一些，而尾端斜切過的部分則不要塗）。
7. 在海綿蛋糕的起點部分（靠近身體的這一側），往前推一圈作成中心。中心完成後，利用底下墊著的烘焙紙，慢慢地往前往上推，把蛋糕捲起來。完成後，把瑞士卷收尾那面朝下，以保鮮膜把整個蛋糕包起來，置於冰箱至少1小時，使其定型。

現在，請跟我一起作喔！

首先是前置準備

烤盤內鋪上烘焙紙。我喜歡撕下烘焙紙時，同時在蛋糕表面形成些許紋路，所以我愛用白報紙。「無印良品」的塗鴉本就很好用了。

30×30cm的烤盤需要2張白報紙。側邊紙的高度約3至4cm，配合烤盤，壓出吻合的褶痕來。

以2張四角都剪開的白報紙，配合烤盤，仔細鋪好。

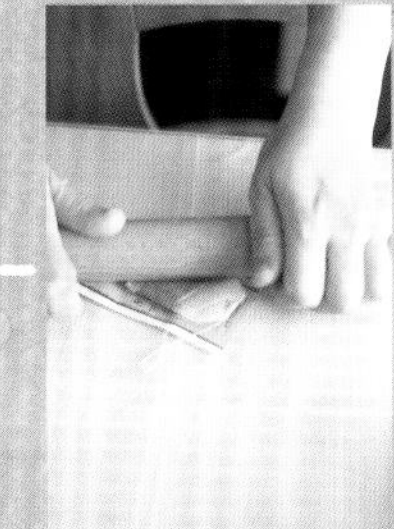

紅茶葉可利用擀麵棍在茶包上來回擀一下，茶葉會更細。（以保鮮膜把茶包包起來，紙袋就算　破也無妨）。

把搗碎的紅茶葉放入耐熱容器裡，再和鮮奶油拌勻。

製作海綿蛋糕

把過篩器放在塑膠的輕巧小盤上，整組放在磅秤上，直接量好需要的麵粉份量。

準備工作完成後，就可以預熱烤箱至180℃。在鍋子裡燒開隔水加熱用的熱水。

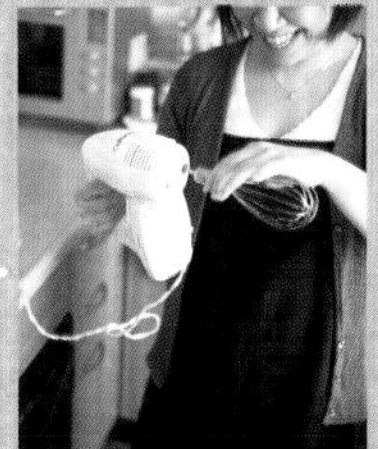

在心愛的美膳雅Cuisinart電動攪拌器上，裝好攪拌棒。

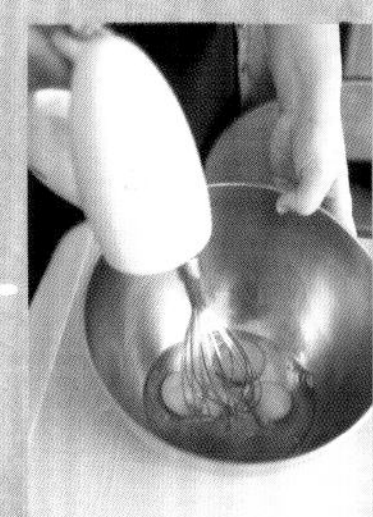

打散雞蛋。

一口氣把細砂糖全部倒入鋼盆內，以電動攪拌器（關閉電源）畫圓的方式攪拌均勻。

在鍋子裡放入60℃至70℃的熱水，把鋼盆放在鍋子上，底部觸碰熱水，啟動電動攪拌器以高速攪拌蛋液。此即為隔水加熱。

手指伸到蛋液裡，感覺略微溫溫的（與體溫接近），即可移開熱水。隔水加熱完成。

大動作地來回移動電動攪拌器，以高速打發蛋液。打到出現黏稠度後，把機器速度調降，繼續攪拌，調整細緻度使其均勻分布。

直至蛋液撈起後呈現出重量感且持續不斷垂落，尾端有如緞帶落下堆疊的模樣，並且持續一段時間才消失的狀態後，把機器調為低速，或直接取下攪拌器上的攪拌器，以手把蛋液調整均勻。

把麵粉平均分散地一邊過篩一邊加入鋼盆裡。如果不習慣，也可以先把麵粉過篩後備用，在這個步驟直接加入。

以矽膠刮刀從盆底向上大動作翻拌的手法，來回拌勻。

不用擔心打發的泡沫會消失，一定要不停確實地攪拌，直到麵糊出現光澤為止。最重要的，是蛋液有確實打發，而這個步驟的麵粉也確實混合均勻。

把摻有紅茶葉的鮮奶油以微波爐加熱，以矽膠刮刀盛擋著，均勻地倒在麵糊上。

迅速攪拌，使鮮奶油和麵糊混合均勻。

倒入烤盤，送進烤箱

把麵糊倒入準備好的烤盤內。殘留在鋼盆底部的麵糊，也要用矽膠刮刀刮乾淨後，倒在烤盤的四個角落。

製作奶油夾心

打發鮮奶油的時候，用打蛋器。打發到比液狀再濃稠一點的狀態，不要打到膨脹。放入冰箱冷藏備用。

移除白報紙

取下蓋在海綿蛋糕上的保鮮膜和烘焙紙，拉開2張白報紙中可移動的那張。

把剛剛取下的烘焙紙再蓋回蛋糕上，如圖片中的方式，輕輕地翻面。

然後慢慢地取下另一片白報紙。

把取下的白報紙放在旁邊。

利用奶油抹刀，把奶油夾心均勻地塗抹在蛋糕上。靠近身體這一側（也就是瑞士卷起始處）可塗得厚一些，而越往另一側（尾端）則越薄。如果動作不夠俐落、來回塗抹太多次，奶油會變得不均勻而且結塊，所以動作要迅速，最尾端斜切過的部分則不塗。

捲起

先把起始處往前推捲一圈。

把剛才捲起來的部分當成中心，以雙手一氣呵成把蛋糕捲起來。

以刮刀把麵糊整平，四個角落也要確實蓋滿。動作請迅速確實，不然麵糊會消泡。

從烤盤底部以手掌向上拍幾下，去除麵糊裡的大氣泡。

送進已預熱完成的烤箱內。烘烤時間是180℃，10至12分鐘

出爐後

蛋糕烤好後，我通常是以表面的顏色和中央的彈性，來判斷是否完成。

冷卻至不燙手的程度後，蓋上一層保鮮膜，靜靜等待它完全散熱（這裡可以將稍後把海綿蛋糕翻面時會用到的烘焙紙也一起蓋上）。

把蛋糕顏色較深的那一面朝上，放回白報紙上。

把預計當作瑞士卷尾端的那一側，由內往外斜切掉一小部分，以利收尾。

我會在這個步驟把海綿蛋糕對半縱向切開。分成兩個比較好捲，冷藏保存時也更方便。

塗上奶油

從冰箱取出裝有奶油的鋼盆，用打蛋器以畫圓的方式稍微攪拌一下，調整至容易塗抹的軟硬度。

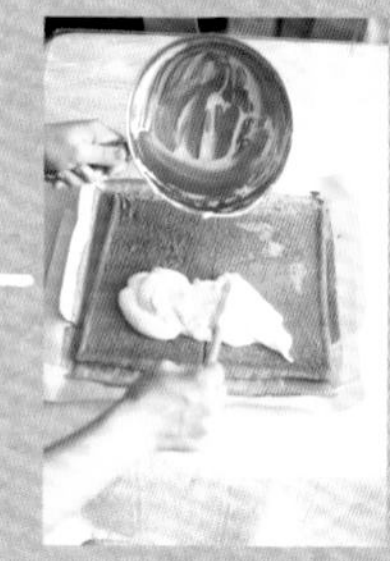

先把奶油全部放在靠近身體這側的海綿蛋糕上。

把瑞士卷的尾端朝下，放在保鮮膜上，整個包覆起來。另一半的蛋糕也以相同方式捲起。

靜置冰箱冷藏1小時以上，主要是為了讓奶油的口感變得更緊緻。

切開

切瑞士卷時，可先以較深的杯子裝些熱水，把刀刃溫熱過後擦乾水分，這樣就很好切了。每切好一塊就要重複溫刀的動作。

把每一塊切好的蛋糕分別放入紙墊裡，以免沾黏。以密閉容器裝好後，冷藏保存。像這樣裝好後，隨手一拿就可以吃了（笑）。

延伸

作甜點專用的工具，我收納在廚房的層架上。打蛋器和矽膠刮刀這些小型工具，就放在上層的抽屜內，分門別類收好。

工具說明

有了便利的工具，作甜點將不再是件麻煩事！在我所介紹的食譜裡，食物調理機和電動攪拌器是不可或缺的重要幫手。順便一併介紹其他工具，只要備著也會很有幫助。

+ 食物調理機

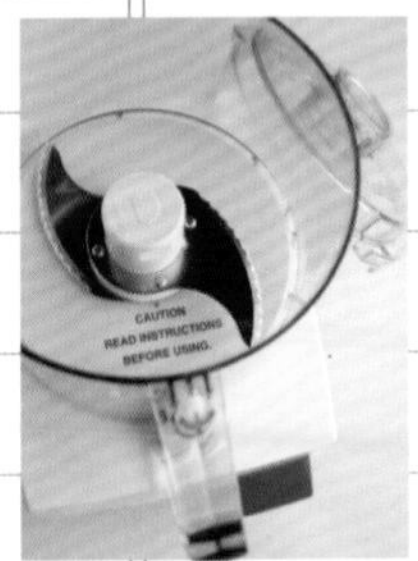

我愛用的食物調理機，Cuisinart的DLC-10PLUS，容量1.9毫升。有了它就可以輕鬆地完成好好吃的司康、餅乾甚至塔類糕點的麵糰／麵糊。切塊、剁碎、磨細、混合、拌揉等這些動作，只要有這一台，不僅作甜點，就連作料理也很好用。

+ 白報紙

作瑞士卷時，想在蛋糕表面作出略微凹凸不平的模樣，所以選用白報紙來替代一般的烘焙紙（一般的烘焙紙撕下時，蛋糕表面較平整）。無印良品的塗鴉本（B4大小）就很好用了。

+ 電動攪拌棒

這是棒狀的攪拌器。需要用到食物調理機的動作，也可以用電動攪拌棒輕鬆地在鍋子或鋼盆內進行。當然，兩種機器各有優缺點，無法只挑一款機器就能兼顧，所以購買時可能得先評估一下（當然，如果兩種機器都有最好，雖然傷荷包，但是無論作甜點或料理時都能更得心應手）。

+ 刮刀

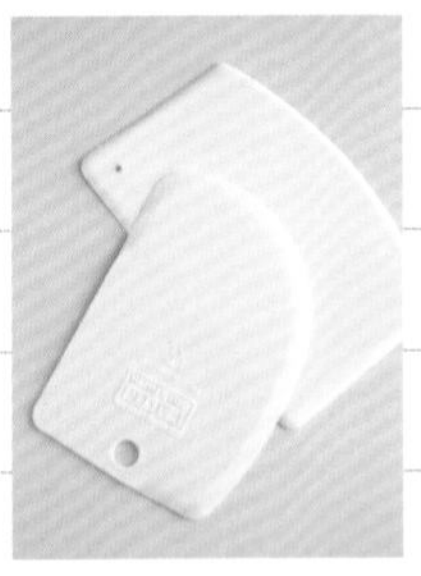

這是塑膠材質的薄板。可以用來混合、切割、整平麵糊／麵糊表面。也能用在翻拌、整理鋼盆裡的麵糰。刮板是實用度相當高的工具，準備1至2片，很方便喔！

+ 電動攪拌器

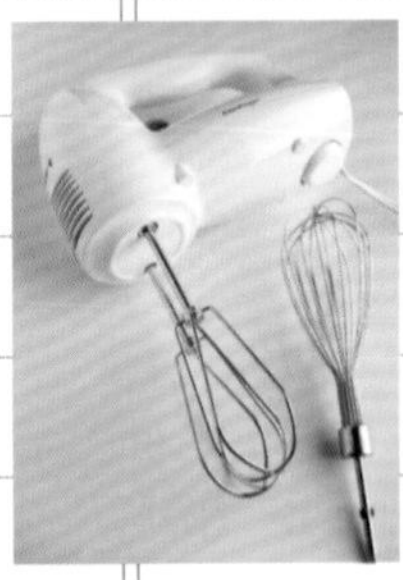

雖然重且噪音大，但馬達夠強，所以仍是我不可或缺的好幫手。速率有5個階段，不過1或2就夠快了。配件的攪拌棒（打蛋器造型的零件，圖右），在打蛋白糖霜時相當有力。

+ 奶油抹刀

圖片右方、刀柄和刀身有高度落差的，叫作彎角抹刀（Angle Palette Knife），用於塗抹瑞士卷的奶油時，非常方便。圖片中央的平面奶油抹刀，可用於抹平麵糊，或把蛋糕從模型內取出時。圖左為戚風抹刀（Chiffon Knife），刀如其名，細薄的刀身最適合輔助從模型內取出戚風蛋糕。

+ 電子磅秤

只用一個按鍵就能歸零的電子磅秤，可以不停地把材料往上加，持續計量，非常好用。以1g為單位，所以能量得非常仔細，非常好用。

+ 煮焦糖醬時用的小鍋

直接接觸到火源的鍋底，偏厚的琺瑯或多層膜不鏽鋼材質的鍋子，能把熱度慢慢地以包覆的方式持續加熱，非常適合用來煮焦糖醬。容易清洗，方便保存。建議選用直徑14至16cm的單柄鍋。圖為是我最近愛用的法國Chasseur生產的Milk Pan。

★以上工具皆可在五金百貨行、烘焙材料店購買。

part 3

司康和馬芬

偶爾，會想以甜食作為早餐，揭開一天的序幕。

這個時候，簡單好作又能加熱享用的馬芬，就是最適合的選擇。

悠閒的午後，

看著剛剛出爐的司康，順手泡一杯紅茶或咖啡，

就是一段愜意的時光。

只有自己烘焙的手工點心才有的特別滋味，

無論何時只要端上桌，愉快的時光也翩然而至。

原味司康

講到下午茶的點心，一定會想到司康。不過有時我會專程烤來當成早餐或早午餐。根據食譜的配方比例不同，有些稱為司康，有些則稱為餅乾；不過在家裡不必拘小節，就統稱為司康了。

老實說，有很長一段時間，一直不懂司康到底哪裡好吃？不過就是吃起來乾乾粉粉的一種點心嘛。直到有天在某間紅茶店裡，遇見了好好吃的司康，這種想法便立刻被拋到腦後。這是我一頭栽進司康世界的契機。

只要在紅茶專門店或咖啡廳裡看見司康，我都會毫不猶豫地點來嚐嚐。甜點舖裡如果有賣司康，也會買來嚐鮮，試試味道。甜的、鹹的、酥脆的、沙沙的、鬆軟的、濕潤的。即使只是原味的司康，每個人都能作出只屬於自己的味道；我問自己：「想作出來的口味是什麼？」的同時，品嚐各種不同口感的美味之處，也貪心地完成了許多滿意的答案。

材料（直徑5至8cm圓形模型約8個份）
低筋麵粉　180g
泡打粉　1小匙
無鹽奶油　60g
細砂糖　2至3大匙
牛奶　100ml
鹽　¼小匙
手粉（最好是高筋麵粉）　適量

前置準備
+ 奶油切成邊長1.5cm的塊狀，置於冷藏備用。
+ 烤盤內鋪上烘焙紙。
+ 烤箱以190℃預熱。

作法
1 在食物調理機內放入低筋麵粉、泡打粉、細砂糖、鹽，啟動機器快速混合均勻。
2 在步驟1內加入奶油，反覆操作機器的開關鍵，攪拌成鬆散的顆粒狀後，再倒入牛奶。再次反覆操作開關鍵，待粉末消失且全部材料攪拌揉合成一個完整的麵糊後，從機器內取出。
3 把麵糊放在事先撒上高筋麵粉的平檯上，以擀麵棍或雙手壓平麵糊至1.5至2cm厚，再以沾有麵粉的模型切割。間隔排列於烤盤上，以190℃烤箱烤15至20分鐘。

手工製作方法
1 在鋼盆裡放入已混合過篩的低筋麵粉和泡打粉，再放入細砂糖、鹽，以打蛋器以畫圓的方式混合均勻。
2 加入從冷藏取出的奶油塊，以刮刀（參閱P.90）切碎奶油的方式，同時和粉類混合。待鋼盆內的材料變得較細碎後，以雙手掌心搓揉，把材料混合成鬆散的顆粒狀。
3 加入牛奶，以刮刀邊切邊混合的方式，把材料整合成一塊完整的麵糰，從鋼盆內取出，置於已撒上高筋麵粉的平檯上。
4 把麵糊數次重複對摺後再壓平，調整麵糊的狀態後，以擀麵棍或雙手擀平成1.5至2cm厚，再以沾有麵粉的模型切割。間隔排列於烤盤上，以190℃烤箱烤15至20分鐘。

我以為最常和司康搭配的
是草莓果醬，
但在店裡點司康時，
經常搭配的卻是藍莓果醬。
原來，藍莓果醬才最受歡迎嗎？
還是喜歡藍莓果醬的主廚
比較多呢？

要作出好吃的司康，
關鍵在於除了粉類以外的材料，
都要使用冰涼的。
圓模先沾上一些麵粉，取出麵糰時較順手。
如果手邊沒有司康專用的圓模也不要緊，
利用家中杯緣較薄的杯子也行，
或直接以刀子切出喜歡的形狀來。
塊狀的四方形或三角形的司康，也很可愛。

有人指名的時候我才會作紅茶司康（笑）。
和基本的食譜比例相比，
奶油和砂糖都稍微增加一點，口感更扎實。
作法一樣，只要把切碎的紅茶細末2g
（紅茶包則不用再磨碎）
和粉類同時加入即可。

優格司康

吃司康的另一個優點是，可以開心地想著「今天要搭配哪種果醬好呢！」。我自己最喜歡的是凝脂奶油（Clotted Cream，介於普通奶油和鮮奶油間一種濃郁的奶油）搭配上酸酸甜甜的果醬，或只以凝脂奶油，感受一下它的豐潤口感。我也經常把鮮奶油略微打發後，不加糖，直接搭配司康享用。或把烤過的核桃切碎後和奶油、蜂蜜混合在一起；又或者混合奶油和楓糖後，略微攪拌打發即可。把奶油和自己喜歡材料調味整合在一起，一邊想一邊試作，也很有意思呢！

當然，也會有想吃鹹的時候。先作好砂糖比例減量的司康，夾入火腿、煙燻鮭魚、起司，好像上癮了般，連美奶滋都想加入。

至於這款優格司康，使用的優格份量並不太多，所以加熱後也不會有太明顯的酸味，不是吃起來會酸酸的司康，請勿擔心！

材料（直徑5至6cm圓形模型約8個份）
低筋麵粉　180g
泡打粉　1小匙
無鹽奶油　40g
細砂糖　2至3大匙
原味優格　60g
雞蛋　1顆
鹽　¼小匙
手粉（最好是高筋麵粉）　適量

前置準備
+ 奶油切成邊長1.5cm的塊狀，置於冷藏備用。
+ 烤盤內鋪上烘焙紙。
+ 雞蛋打散後，和優格混合備用。
+ 烤箱以190℃預熱。

作法
1. 在食物調理機內放入低筋麵粉、泡打粉、細砂糖、鹽，啟動機器快速混合均勻。
2. 在步驟1內加入奶油，反覆操作機器的開關鍵，攪拌成鬆散的顆粒狀後，再倒入優格和雞蛋。再次反覆操作開關鍵，待粉末消失且全部材料攪拌揉合成一個完整的麵糰後，從機器內取出。
3. 把麵糰放在事先撒上高筋麵粉的平檯上，以擀麵棍或雙手壓平麵糰至1.5至2cm厚，再以沾有麵粉的模型切割。間隔排列於烤盤上，以190℃烤箱烤15至20分鐘。

手工製作方法
1. 和P.93的「原味司康」作法相同。僅在步驟3時，把牛奶替換成優格和雞蛋的混合材料即可。

圖為加了葡萄乾的口味。
在加入優格和雞蛋的混合材料時，
也同時加入葡萄乾40g。混了葡萄乾或無花果乾的司康，非常好吃。
一般我喜歡原味司康搭配各種不同的醬料，
而較少在麵糰裡直接混合其他素材，
但這個口味例外。混入了核桃的司康，更對我的胃口。

材料（直徑5至6cm圓形模型約8個份）

低筋麵粉　180g
泡打粉　1小匙
無鹽奶油　40g
細砂糖　2至3大匙
酸奶油　80g
蛋黃　1顆
牛奶　2大匙
鹽　¼小匙
手粉（最好是高筋麵粉）　適量

作法（手工製作方法亦同）

1 和P.93的「原味優格」作法相同。步驟2（手工製作步驟3）的牛奶換成蛋黃和牛奶混合過後的材料，再加入酸奶油即可。

酸奶油司康

覺得司康還是要趁熱吃最好吃。如果冷掉了，我會不厭其煩地加熱後再享用。曾經因為肚子小餓，高高興興地抓了冷掉的司康吞下肚，心想：「真方便，這樣直接就可以吃了！」事後卻後悔自己怎麼不先加熱再吃會更好。

加熱時可以鋁箔紙包起來，放入烤箱或烤麵包機加熱即可。如果想以網架在瓦斯爐上用直火加熱，可以先在微波爐把司康溫熱一下後，再放在網架上。

說了這麼多，但我最常用的還是以微波爐加熱。裡外都能加熱得剛剛好，熱呼呼的司康真令人開心。只不過，以微波爐加熱後若不趁熱享用，冷了以後就會變硬，但只要快快吃完就沒問題了。

材料（直徑5至6cm圓形模型約8個份）

低筋麵粉　180g
泡打粉　1小匙
細砂糖　2至3大匙
鮮奶油　120ml
雞蛋 1顆
鹽　¼小匙
手粉（最好是高筋麵粉）　適量

作法

1 和P.93的「原味優格」作法相同。步驟2不加奶油，然後把牛奶換成打散的雞蛋蛋液，以及鮮奶油。

手工製作方法

1 參考P.93的「原味司康」作法，步驟2不加奶油，改放打散的蛋液及鮮奶油，及矽膠刮刀俐落地混合攪拌均勻，整合成一塊麵糰後，取出放在事先撒上擀麵用麵粉的平檯上。

鮮奶油司康

鮮奶油口味的司康，因為不使用塊狀奶油，製作步驟更輕鬆，是它最大的魅力。手工製作很好上手，如果以食物調理機製作，完成的麵糰會更加細緻。雖然我經常使用食物調理機，不表示我想逃避手工製作的步驟。鋼盆裡倒入麵粉和奶油，以刮刀邊切邊混合的過程，或以手掌和手指把材料拌揉混合的觸感，我都很喜歡。只要時間充裕，我經常以純手工製作點心。

橙香馬芬

不曉得從什麼時候開始，愛上柳橙果醬，從那之後，冰箱裡總是看得見它的蹤影。最常見的是跟優格混合一起吃，或搭配司康，也會和餅乾夾著送進嘴裡，還會在海綿蛋糕上先塗上柳橙果醬，再加一層奶油，作成瑞士卷。果醬只要一吃完就會感到不安，所以總是預備著，不讓它斷貨。

因為我太喜歡發掘新鮮好吃的味道，只要碰到好奇的果醬口味，一定會買來嚐嚐。如果是果醬瓶或標籤太可愛，就會把味道放其次，還是買來嚐嚐看（因為想要瓶子！）。至今也試過不少品牌，目前Sarabeth's的「Orange Abricot Marmalade」是我心中的第一名。柔軟的果皮、扎實的果肉，就連甜度也恰到好處，是一款非常有質感的果醬。不過，Sarabeth's的果醬，英文是不用jam這個字，因為低糖且採用最新鮮的水果製作，因此稱為Fruit Spread。

材料（直徑7cm馬芬模型7至8個份）
低筋麵粉　110g
泡打粉　½小匙
無鹽奶油　60g
細砂糖　60g
雞蛋　1顆
柳橙汁　2至3大匙
原味優格　1大匙
鹽　1小撮
柳橙果醬　適量

前置準備

+ 奶油和雞蛋置於室溫下回溫。
+ 模型內放入紙杯模，
  或塗上奶油再撒上麵粉（皆為份量外）。
+ 低筋麵粉和泡打粉混合後過篩備用。
+ 柳橙汁和優格混合，備用。
+ 烤箱以170℃預熱。

作法

1 鋼盆裡放入已在室溫下軟化的奶油，以打蛋器攪拌成柔軟的乳霜狀，再加入細砂糖和鹽，混合攪拌直到顏色變淡且整體略顯膨脹為止。再慢慢倒入已打散的蛋液，仔細拌勻。

2 依序加入⅓的粉類→½的柳橙汁和優格→½剩餘的粉類→剩餘的柳橙汁和優格→剩餘的粉類，同時以矽膠刮刀大動作且俐落地混合均勻，直到粉末完全消失。

3 麵糊倒入模型內五分滿，加上一茶匙的柳橙果醬，再倒入麵糊至八分滿。全部完成後，以170℃烤箱烤約25分鐘。出爐後以竹籤戳刺中心，如果拔出後沒有沾附麵糊即表示完成。

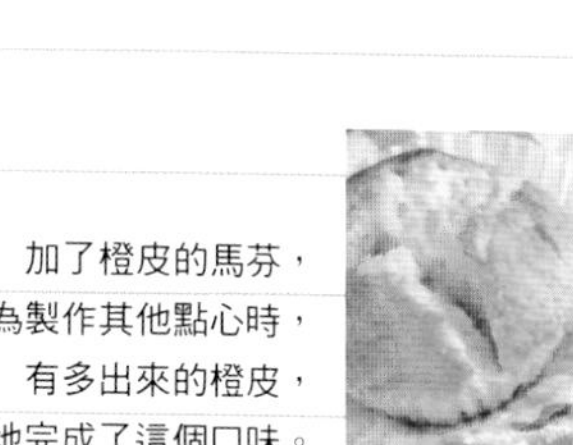

加了橙皮的馬芬，
其實是因為製作其他點心時，
有多出來的橙皮，
所以物盡其用地完成了這個口味。
麵糊完成後，
加入50g的糖漬橙皮，
混合均勻即可。
不只柳橙，
也可以混合幾種多餘的
糖漬果皮。

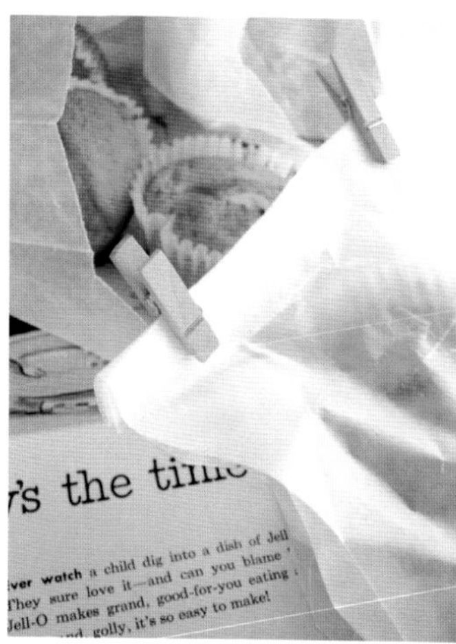

將蠟紙作成小紙袋，
可以把馬芬或司康輕鬆分裝，
很好用。
紙袋可以連同裡面的點心
一起用微波加熱，
也是它的優點。

摩卡馬芬

只有馬芬和司康，我會想在出爐當天就全部食用完畢。油脂和糖分含量較少的點心，隨著出爐時間越久，味道和口感都會變質、變硬，所以要趁新鮮時盡快享用。

如果增加奶油或砂糖的份量，或添加酸奶油、鮮奶油、堅果的粉類等，添加越多口味濃郁的材料，我覺得出來的成品反而越不像馬芬。

家裡常備優格，因此食譜裡的水分，有一半是靠優格提供。如果沒有優格，全部以牛奶代替也可以。試作、試吃後，漸漸找到最適合自己的優格比例，是我認為烤出好吃的馬芬的重點。大家也可以試著在每次的過程裡調整，找出自己最喜歡的作法哦！

材料（直徑7cm馬芬模型7至8個份）
低筋麵粉　110g
即溶咖啡粉　½大匙
泡打粉　½小匙
無鹽奶油　60g
細砂糖　30g
紅糖　30g*
雞蛋　1顆
牛奶　2至3大匙
原味優格　1大匙
鹽　1小撮
*沒有紅糖用細砂糖也可以。

前置準備
+ 奶油和雞蛋置於室溫下回溫。
+ 模型內放入紙杯模，或塗上奶油再撒上麵粉（皆為份量外）。
+ 低筋麵粉、即溶咖啡粉、泡打粉混合後過篩，備用。
+ 牛奶和優格混合備用。
+ 烤箱以170℃預熱。

作法
1. 鋼盆裡放入已在室溫下軟化的奶油，以打蛋器攪拌成柔軟的乳霜狀，再加入細砂糖、紅糖、鹽，混合攪拌直到整體略顯膨脹為止。再慢慢倒入已打散的蛋液，仔細拌勻。
2. 依序加入⅓的粉類→½的牛奶和優格→½剩餘的粉類→剩餘的牛奶和優格→剩餘的粉類，同時以矽膠刮刀大動作且俐落地混合均勻，直到粉末完全消失。
3. 麵糊倒入模型內，以170℃烤箱烤約25分鐘。出爐後以竹籤戳刺中心，如果拔出後沒有沾附麵糊即表示完成。

即溶咖啡選擇粉末狀的，
會比顆粒狀的來得容易溶解。
如果家中只有顆粒狀的，
請溶在牛奶裡。
如果把3大匙牛奶換成1大匙的咖啡酒，
咖啡香氣會更濃郁，
不過我又想作口味輕淡的馬芬，
所以總是在即溶咖啡和咖啡酒之間
舉棋不定……

肉桂紅茶馬芬

在一般的紅茶馬芬裡，加入一些香氣誘人的肉桂粉，就成了肉桂紅茶馬芬。不喜歡肉桂的人，直接拿掉肉桂粉，就是一般的紅茶紅味了。至於想要肉桂口味重些的人，可以稍微增加肉桂的份量，減少一些紅茶葉即可。

即使我喜歡肉桂，卻不常使用，小小一瓶肉桂粉從來沒用完過。幾年前，我的專業的麵包達人朋友，親自教我麵包的作法後，本來很不拿手的麵包製作，終於漸漸進步了。雖然成品仍然粗糙，但是總算能烤出可愛又好玩的麵包了。肉桂麵包是我常烤的口味之一，或許距離把一瓶肉桂粉用完的那天，已經不遠了。

材料（直徑7cm馬芬模型7至8個份）
低筋麵粉　110g
肉桂粉　¼小匙
泡打粉　½小匙
無鹽奶油　60g
細砂糖　60g
雞蛋　1顆
牛奶　2至3大匙
原味優格　1大匙
鹽　1小撮
紅茶葉　2g（紅茶包1包）

前置準備

+ 奶油和雞蛋置於室溫下回溫。
+ 模型內放入紙杯模，或塗上奶油再撒上麵粉（皆為份量外）。
+ 低筋麵粉、肉桂粉、泡打粉混合後過篩備用。
+ 紅茶葉磨細碎（茶包則不用切）。
+ 牛奶和優格混合，備用。
+ 烤箱以170℃預熱。

作法

1. 鋼盆裡放入已在室溫下軟化的奶油，以打蛋器攪拌成柔軟的乳霜狀，再加入細砂糖和鹽，混合攪拌直到顏色變淡且整體略顯膨脹為止。再慢慢倒入已打散的蛋液，仔細拌勻。
2. 依序加入⅓的粉類和紅茶葉→½的牛奶和優格→½剩餘的粉類→剩餘的牛奶和優格→剩餘的粉類，同時以矽膠刮刀大動作且俐落地混合均勻，直至粉末完全消失。
3. 麵糊倒入模型內，以170℃烤箱烤約25分鐘。出爐後以竹籤戳刺中心，如果拔出後沒有沾附麵糊即表示完成。

肉桂粉可以和其他食材混合，
也可以直接撒在需要的地方。
在剛烤好的蘋果派上加一球冰淇淋，
可以撒上一點肉桂粉。
南瓜布丁上擠上滿滿的鮮奶油，
也可以撒一點肉桂粉提味。

楓糖核桃馬芬

把原味馬芬裡的細砂糖換成楓糖，再混入核桃一起烤，就是楓糖核桃馬芬。楓糖的種類很多，味道強弱也不同，如果試過後發現味道太重，下次可以和細砂糖一起混用。要是味道太淡，就把馬芬剝開後抹上鮮奶油，再淋上楓糖漿，非常好吃哦！

鑽研食譜使用的砂糖種類，看似普通其實學問很深。蔗糖、黑糖、紅糖等依據點心種類的不同，口味也會不同，這樣的發現並非毫無價值。不需要一成不變或隨波逐流，自己先嘗試過最重要，這也是我的原則。失敗為成功之母，危機就是轉機，就連作點心也要正面思考！

材料（直徑7cm馬芬模型7至8個份）

低筋麵粉　110g

泡打粉　½小匙

無鹽奶油　60g

楓糖　60g

雞蛋　1顆

牛奶　2至3大匙

原味優格　1大匙

鹽　1小撮

核桃　40g

前置準備

+ 奶油和雞蛋置於室溫下回溫。
+ 核桃最好先用150℃至160℃烤箱烘烤約8分鐘，再粗略切塊。
+ 模型內放入紙杯模，或塗上奶油再撒上麵粉（皆為份量外）。
+ 低筋麵粉、泡打粉混合後過篩備用。
+ 紅茶葉磨細碎（茶包則不用磨）。
+ 牛奶和優格混合，備用。
+ 烤箱以170℃預熱。

作法

1. 鋼盆裡放入已在室溫下軟化的奶油，以打蛋器攪拌成柔軟的乳霜狀，再加入楓糖和鹽，混合攪拌直到整體略顯膨脹為止。再慢慢倒入已打散的蛋液，仔細拌勻。
2. 依序加入⅓的粉類→½的牛奶和優格→½剩餘的粉類→剩餘的牛奶和優格→剩餘的粉類，同時以矽膠刮刀大動作且俐落地混合均勻，直到粉末完全消失。
3. 再加入核桃，簡單拌一下，麵糊倒入模型內，以170℃烤箱烤約25分鐘。出爐後以竹籤戳刺中心，如果拔出後沒有沾附麵糊即表示完成。

楓糖是以楓樹的樹液作成的褐色砂糖。
粉末狀的楓糖雖然方便使用，
但是用來製作馬芬或司康這類簡單的點心時，
顆粒狀的楓糖
似乎更能襯出這些味道的表現，
吃起來的感受也會不同。

焦糖香蕉馬芬

我不喜歡直接吃香蕉，但作成點心就可以接受。我經常到處講這件事，發現不只有我一個人有這種感覺。總是有人會回應：「對耶！我也是！」聽到時都忍不住在心底偷偷竊笑。

我不愛燉白蘿蔔，但很愛新鮮的白蘿蔔沙拉；不愛醃過的茄子，但喜歡吃炸茄子。比起把香草和巧克力、草莓混合後作成的巧克力、草莓口味的冰淇淋，更喜歡香草獨立出現、和巧克力或草莓冰淇淋混合而成的巧克力香草、草莓香草冰淇淋。我不算偏食，頂多算任性吧！

材料（直徑7cm馬芬模型7至8個份）
低筋麵粉　110g
泡打粉　½小匙
無鹽奶油　60g
細砂糖　50g
雞蛋　1顆
牛奶　2至3大匙
原味優格　1大匙
鹽　1小撮
焦糖香蕉
香蕉　中型1根
細砂糖　2大匙
水　1小匙

前置準備
+ 奶油和雞蛋置於室溫下回溫。
+ 模型內放入紙杯模，或塗上奶油再撒上麵粉（皆為份量外）。
+ 低筋麵粉、泡打粉混合後過篩備用。
+ 牛奶和優格混合，備用。

作法

1. 首先製作焦糖香蕉。小鍋內放入細砂糖和水，以中火加熱使其焦化，作成深褐色的焦糖漿。煮到適合的顏色後，把切成薄片的香蕉放入鍋中，稍煮一下上色，熄火放涼。
2. 烤箱以170℃預熱。鋼盆裡放入已在室溫下軟化的奶油，以打蛋器攪拌成柔軟的乳霜狀，再加入細砂糖和鹽，混合攪拌直到顏色變淡且整體略顯膨脹為止。再慢慢倒入已打散的蛋液，仔細拌勻。
3. 依序加入⅓的粉類→½的牛奶和優格→½剩餘的粉類→剩餘的牛奶和優格→剩餘的粉類，同時以矽膠刮刀大動作且俐落地混合均勻，直到粉末完全消失。
4. 再加入焦糖香蕉，簡單拌一下，麵糊倒入模型內，以170℃烤箱烤約25分鐘。出爐後以竹籤戳刺中心，如果拔出後沒有沾附麵糊即表示完成。

杏桃馬芬

一個鋼盆就能搞定、出爐後立刻享用，就是這款好吃的杏桃馬芬。只需使用家中現有的材料，再加入喜歡的罐頭水果或冷凍水果即可。想到就可以動手作，運用手邊的素材，每次都能吃到不同口味也很令人興奮。

杏桃罐頭對我來說是不可或缺的。尤其在作水果派或奶油蛋糕時。穩定的美味讓我很安心，不用剝皮去核也是罐頭水果的優點。

我是麵粉控，早餐不愛吃米飯，只喜歡麵包。碰上沒有麵包的日子，緊急的應變措施裡，其中一個選項就是馬芬。除了馬芬，司康、美式煎餅、格子煎餅也是選項之一。說實話，這種情況下最常登場的，其實還是司康。

材料（直徑7cm馬芬模型7至8個份）
低筋麵粉　110g
泡打粉　½小匙
無鹽奶油　60g
細砂糖　60g
雞蛋　1顆
鹽　1小撮
原味優格　1大匙
牛奶　2大匙
罐頭杏桃（去除汁液）　80g
＊杏桃的份量可隨喜好調整。

前置準備
+ 奶油和雞蛋置於室溫下回溫。
+ 模型內放入紙杯模，或塗上奶油再撒上麵粉（皆為份量外）。
+ 低筋麵粉、泡打粉混合後過篩備用。
+ 牛奶和優格混合，備用。
+ 烤箱以170℃預熱。

作法
1. 杏桃切成喜好的大小，放在廚房紙巾上，去除多餘水分。
2. 鋼盆裡放入已在室溫下軟化的奶油，以打蛋器攪拌成柔軟的乳霜狀，再加入細砂糖和鹽，混合攪拌直到顏色變淡且整體略顯膨脹為止。再慢慢倒入已打散的蛋液，仔細拌勻。
3. 依序加入⅓的粉類→½的牛奶和優格→½剩餘的粉類→剩餘的牛奶和優格→剩餘的粉類，同時以矽膠刮刀大動作且俐落地混合均勻，直到粉末完全消失。
4. 再加入杏桃塊，簡單拌一下，麵糊倒入模型內，以170℃烤箱烤約25分鐘。出爐後以竹籤戳刺中心，如果拔出後沒有沾附麵糊即表示完成。

莓果馬芬

混入莓果的馬芬，我最常作的是藍莓口味，但今天則打算以冰箱裡剩餘的冷凍綜合莓果來試作。

綜合莓果裡除了藍莓，還有覆盆子、黑莓、紅醋栗、美國櫻桃等等。藍莓在我家附近的超市隨時可以買到新鮮的產品，但像覆盆子、黑莓和紅醋栗，就不容易找到新鮮的了。因此這包綜合莓果便成了我的寶貝。

從冷凍室取出後不需退冰，可以直接混在麵糊裡，送進烤箱；也可以點綴在已經烤好的點心上。結凍的莓果有著冰涼清脆的口感，我也經常直接拿來吃。此外，最喜歡的早餐組合是麵包＋奶茶＋優格，在優格裡放入冰涼的冷凍莓果後再淋上蜂蜜一起吃，真是最開心的事。以莓果搭配義式奶酪再加上焦糖漿，則是我們家的必備甜品。

材料（直徑7cm馬芬模型7至8個份）
低筋麵粉　110g
泡打粉　½小匙
無鹽奶油　60g
細砂糖　60g
雞蛋　1顆
鹽　1小撮
原味優格　1大匙
牛奶　2大匙
冷凍綜合莓果　70g
（或藍莓等喜好的莓果）
＊莓果的份量可隨喜好調整。

前置準備
+ 奶油和雞蛋置於室溫下回溫。
+ 模型內放入紙杯模，或塗上奶油再撒上麵粉（皆為份量外）。
+ 低筋麵粉、泡打粉混合後過篩備用。
+ 牛奶和優格混合，備用。
+ 烤箱以170℃預熱。

作法
1. 鋼盆裡放入已在室溫下軟化的奶油，以打蛋器攪拌成柔軟的乳霜狀，再加入細砂糖和鹽，混合攪拌直到顏色變淡且整體略顯膨脹為止。再慢慢倒入已打散的蛋液，仔細拌勻。
2. 依序加入⅓的粉類→½的牛奶和優格→½剩餘的粉類→剩餘的牛奶和優格→剩餘的粉類，同時以矽膠刮刀大動作且俐落地混合均勻，直到粉末完全消失。
3. 再加入冷凍的莓果，簡單拌一下，麵糊倒入模型內，以170℃烤箱烤約25分鐘。出爐後以竹籤戳刺中心，如果拔出後沒有沾附麵糊即表示完成。

這就是混合了藍莓、覆盆子、黑莓等的冷凍綜合莓果。
當然，也可以單純只用藍莓或覆盆子來製作。
以自己喜歡的莓果試作看看吧！

奶油起司罌粟籽馬芬

在眾多口味的馬芬裡，要我選擇其中一種當早餐，一定會選擇這道。混有切成塊狀的奶油起司，第一次試作時，沒有甜味的起司和又甜又鬆軟的馬芬，這樣口感奇特的組合送進嘴裡，雖然心裡覺得怪，但嘴上卻停不下來地一口接著一口，最後竟停不下來了，這款馬芬就這麼奇妙。還有罌粟籽粒粒分明的口感也讓我著迷，誤打誤撞下完成的奇妙口味，出乎意料地成功了。

把這款馬芬口味稍作變化，可以把麵糊拌得更軟一些，再把蜂蜜口味的奶油起司直接淋在馬芬模型杯裡烘烤即可。至於食譜裡介紹的口味，則是另一種簡單的美味。

材料（直徑7cm馬芬模型7至8個份）
低筋麵粉　110g
泡打粉　½小匙
無鹽奶油　60g
細砂糖　65g
雞蛋　1顆
檸檬汁　1大匙
鹽　1小撮
原味優格　1大匙
牛奶　1大匙
罌粟籽　2大匙
奶油起司　100g
＊奶油起司的份量可隨喜好調整。

前置準備
+ 奶油和雞蛋置於室溫下回溫。
+ 奶油起司切成邊長1cm的塊狀，置於冷藏備用。
+ 模型內放入紙杯模，或塗上奶油再撒上麵粉（皆為份量外）。
+ 低筋麵粉、泡打粉混合後過篩備用。
+ 烤箱以170℃預熱。

作法

1. 鋼盆裡放入已在室溫下軟化的奶油，以打蛋器攪拌成柔軟的乳霜狀，再加入細砂糖和鹽，混合攪拌直到顏色變淡且整體略顯膨脹為止。再慢慢倒入已打散的蛋液，仔細拌勻。
2. 依序加入⅓的粉類→優格和牛奶→½剩餘的粉類→檸檬汁→剩餘的粉類和罌粟籽，同時以矽膠刮刀大動作且俐落地混合均勻，直到粉末完全消失。
3. 再加入奶油起司塊，簡單拌一下，麵糊倒入模型內，以170℃烤箱烤約25分鐘。出爐後以竹籤戳刺中心，如果拔出後沒有沾附麵糊即表示完成。

罌粟籽是罌粟花的種子。
呈現比芝麻更小的圓球狀顆粒，
有著近似芝麻的口感和獨特香氣。
混在餅乾或戚風蛋糕的麵糊裡一起烤也很適合。
顏色有還有白色或藍色，
但味道差異不大，選擇哪一種都可以。

檸檬馬芬

輕輕鬆鬆即可完成，烤好出爐後也可以立刻開動的檸檬馬芬。這道馬芬的作法，要把雞蛋和砂糖徹底打發至黏稠狀，奶油則要融化後再一起攪拌。比起把奶油和砂糖打發至顏色變淡後再慢慢加入打散蛋液，這種把粉類和水分分開加入的方法，透過這道食譜的步驟所烤出來的馬芬，口感將更顯輕盈。

搭配檸檬口味點心的飲料，紅茶會比咖啡來得更對味。帶有酸味的檸檬馬芬，和琥珀色冰紅茶的組合，就是初夏時分的下午茶光景，真令人心癢難耐呀！

材料（直徑7cm馬芬模型6個份）
低筋麵粉　110g
泡打粉　½小匙
無鹽奶油　50g
細砂糖　60g
雞蛋　1顆
牛奶　1大匙
原味優格　1大匙
檸檬汁　1大匙
黃檸檬皮刨絲　½顆份

前置準備
+ 雞蛋置於室溫下回溫。
+ 檸檬汁和皮絲混合備用。
+ 模型內放入紙杯模，或塗上奶油再撒上麵粉（皆為份量外）。
+ 低筋麵粉、泡打粉混合後過篩備用。
+ 烤箱以170℃預熱。

作法
1 在耐熱容器裡放入奶油、牛奶、優格，以微波爐加熱或隔水加熱（容器底部接觸約60℃熱水）的方式溶化。不要移開熱水，保持溫熱。
2 鋼盆裡打入雞蛋，以電動攪拌器打散，再加入細砂糖，混合均勻。鋼盆底部接觸約60℃熱水，以電動攪拌器高速打發，直到蛋液溫度上升至與人體皮膚溫度接近後，移開熱水，持續攪拌蛋液，直到顏色變淡且質地黏稠為止（撈起時，蛋液呈現有重量感地垂落並持續不斷，尾端有如緞帶落下堆疊的模樣，並且持續一段時間才消失的狀態）。這時把電動攪拌器轉為低速，把鋼盆內材料的質地調整成均一的細緻度。
3 把步驟1的奶油分成2至3次，倒入步驟2裡，以打蛋器從盆底向上翻拌的手法，大動作拌勻，然後加入過篩的粉類，再用矽膠刮刀從盆底向上翻拌的方式，俐落地拌勻。待粉末完全消失後，再加入檸檬汁和皮絲，迅速攪拌均勻。
4 麵糊倒入模型內，以170℃烤箱烤約20至25分鐘。出爐後以竹籤戳刺中心，如果拔出後沒有沾附麵糊即表示完成。從模型內取出，放涼即可。

檸檬汁我最喜歡的是
Marie Brizard公司出品的
Pulco Lemon Professional。
大瓶裝，所以我會再分裝成小瓶使用。
如果點心需要用到新鮮果皮時，
就會直接用新鮮的果汁。

香蕉巧克力馬芬

在香蕉口味麵糊裡加入巧克力碎片，製成香蕉巧克力馬芬。當然可以直接購買現成的巧克力碎片，省去切巧克力的時間；不過我喜歡選擇自己信任的品牌的巧克力，找到最適合的苦味或甜度，切成喜歡的大小。

使用帶有苦味的黑巧克力，或口感溫潤的牛奶巧克力，作成甜蜜蜜的馬芬也行。以自己喜歡的巧克力，調出想要的風味吧！

材料（直徑7cm馬芬模型6個份）
低筋麵粉　110g
泡打粉　½小匙
無鹽奶油　50g
紅糖（或細砂糖）　55g
雞蛋　1顆
牛奶　2大匙
原味優格　1大匙
烘焙用巧克力（口味隨個人喜好）　20g
香蕉　½大根（60g）

前置準備
+ 雞蛋置於室溫下回溫。
+ 巧克力切成碎片，置於冰箱冷藏備用。
+ 香蕉以叉子搗碎。
+ 模型內放入紙杯模，或塗上奶油再撒上麵粉（皆為份量外）。
+ 低筋麵粉、泡打粉混合後過篩備用。
+ 烤箱以170℃預熱。

作法

1. 在耐熱容器裡放入奶油、牛奶、優格，以微波爐加熱或隔水加熱（容器底部接觸約60℃熱水）的方式溶化。不要移開熱水，保持溫熱。
2. 鋼盆裡打入雞蛋，以電動攪拌器打散，再加入紅糖，混合均勻。鋼盆底部接觸約60℃熱水，以電動攪拌器高速打發，直到蛋液溫度上升與人體皮膚溫度接近後移開熱水，持續攪拌蛋液，直到顏色變淡且質地黏稠為止（撈起時，蛋液呈現有重量感地垂落並持續不斷，尾端有如緞帶落下堆疊的模樣，並且持續一段時間才消失的狀態）。把電動攪拌器轉為低速，調整鋼盆內材料的質地成均一的細緻度。
3. 把步驟1的奶油分成2至3次，倒入步驟2裡，以打蛋器從盆底向上翻拌的手法，大動作拌勻，然後加入過篩的粉類，再以矽膠刮刀從盆底向上翻拌的方式，俐落地拌勻。待粉末完全消失後，再加入巧克力和香蕉，迅速攪拌均勻。
4. 麵糊倒入模型內，以170℃烤箱烤約20至25分鐘。出爐後以竹籤戳刺中心，如果拔出後沒有沾附麵糊即表示完成。從模型內取出，放涼即可。

把已經變軟熟透的香蕉
以叉子搗成泥狀。
巧克力細切成喜好的大小即可。

紅糖小馬芬

將食譜裡的細砂糖更換成紅糖，以小型的馬芬模型烤好後，再淋上糖霜，就可以作出和平常不一樣的馬芬來。只要把食譜的某一部分作些簡單的更動，或調整混合的材料、增加附加素材，就可以輕鬆地把已經用慣的食譜擴展成無限可能，就算是吃慣了的點心，也會有煥然一新的面貌。

「我想試作這道甜點，但是沒有跟書上一樣的模型。雖然可以找到替代品，但很不想失敗啊」——千萬不要有這種想法，總之先作了再說。「使用這個模型，要烤箱要設定幾度、要烤多久呢？」——請拿出無窮的好奇心，試作看看。這麼一來，在不斷烘焙、不斷觀察烤箱中變化的同時，也自然地能掌握到出爐的訣竅，甜點的顏色、狀態，都彷彿在說：「我烤好囉！」能夠找出失敗的原因，修正作法，比一次就成功還要珍貴。為什麼會這樣、如果這麼作會如何，找到原因發現理由，當然也就能看見結果。知道得越多也就越有趣。我到現在也仍舊用這樣的心情烘焙點心。

材料（直徑4.5cm迷你馬芬模型約12個份）
低筋麵粉　110g
泡打粉　½小匙
無鹽奶油　60g
紅糖　50g
雞蛋　1顆
牛奶　2大匙
原味優格　1大匙
蜂蜜　½大匙
鹽　1小撮
＊咖啡糖霜
（糖粉30g、水1小匙、即溶咖啡粉⅓小匙）
＊蘭姆糖霜
（糖粉30g、水1小匙、蘭姆酒¼小匙）

前置準備
+ 奶油和雞蛋置於室溫下回溫。
+ 低筋麵粉、泡打粉、鹽，混合後過篩備用。
+ 牛奶和優格混合備用。
+ 模型內放入紙杯模，或塗上奶油再撒上麵粉（皆為份量外）。
+ 烤箱以170℃預熱。

作法
1. 鋼盆裡放入已在室溫下軟化的奶油，以打蛋器攪拌成柔軟的乳霜狀，再加入紅糖和蜂蜜，混合攪拌直到整體略顯膨脹為止。再慢慢倒入已打散的蛋液，仔細拌勻。
2. 依序加入⅓的粉類→½的牛奶和優格→½剩餘的粉類→剩餘的牛奶和優格→剩餘的粉類，同時以矽膠刮刀大動作且俐落地混合均勻，直到粉末完全消失。
3. 麵糊倒入模型內，以170℃烤箱烤約15至20分鐘。出爐後以竹籤戳刺中心，如果拔出後沒有沾附麵糊即表示完成。從模型內把馬芬取出放涼後，再淋上喜歡的裝飾糖霜。

＊糖霜的作法：取一個小容器，把材料全部放入，以湯匙攪拌均勻，全部溶化。完成後應該呈現黏稠狀。因為很容易乾掉，如果沒有馬上使用，要先以保鮮膜蓋住。

食譜裡糖霜的糖粉和水的比例，
只是參考值，
混合的過程中可視黏稠的狀況，
調整成最理想的黏度，
大致符合即可。

關於模型

本書中甜點所使用過的模型。並不一定要購買專業的模型，平常用的杯子或器皿也可以替代。
把大的甜點烤成小的，把磅蛋糕烤成圓形，總之多試作就對了！

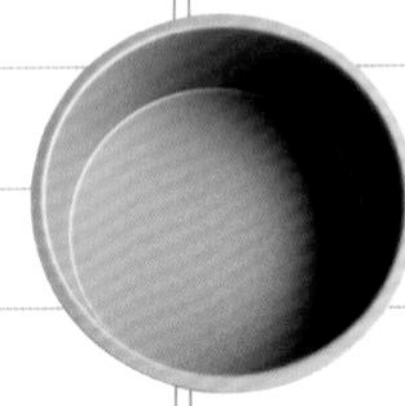

＋圓形模型

直徑15至16cm的圓模。尺寸比18cm的稍微小了一點，是我最近常使用的尺寸。如果要作起司蛋糕那類比較難脫模的甜點，就要用掀底式的圓模了。

＋布丁模型

直徑7cm的傳統布丁模型。脫模後盛裝在一人份小碟子裡的布丁，就是以這種模型作出來的。在模型和布丁中間，刀子沿著模型畫一圈，蓋上碟子，翻轉過來即可脫模。

＋磅蛋糕模型

說到烤蛋糕，最常見的就是磅蛋糕了。磅蛋糕模型當然最適合用來作磅蛋糕，但除此之外也可以多加利用，作出其他甜點。口感較硬的布丁或鮮奶油蛋糕，如果用這個模型來作，再切開來享用，也滿新鮮的。

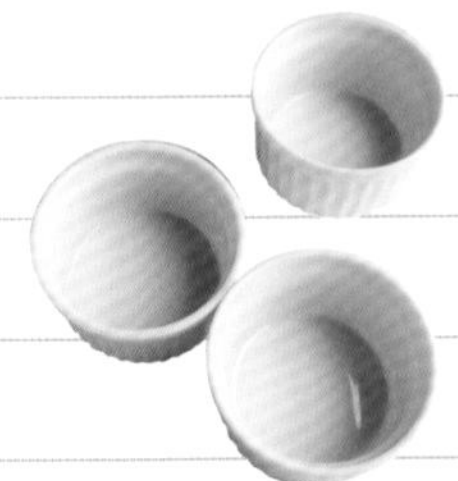

＋烤杯

從熱的烤甜薯，到冷的慕斯、生起司蛋糕，烤杯的活用範圍相當廣。我會回收在甜點舖裡外帶布丁、烤布蕾的烤杯，也有在烘焙材料行買的專用烤杯，都很好用。

＋方形模型

最受歡迎的是約18至20cm的使尺寸，但我最愛的還是稍微小一點的15至16cm。想多烤一點吃個過癮，是稍嫌不足；不過我覺得這個尺寸不多不少，最剛好的大小。不然，用3至4張烘焙紙重疊起來，以釘書機固定好，也是一個手工的方模哦！

＋咖啡杯

製作蒸布丁、烤布丁、芭芭洛瓦等點心，非常可愛。尤其是在吃一些比較軟嫩的甜點時，咖啡杯作好後，再搭配整組的碟子搭配，既時髦又有趣。

＋馬芬模型

直徑約7cm，可以一次烤6個的馬芬模型。以布丁模型也可以烤出差不多大小的馬芬來。直徑4.5cm，可以一次烤12個的迷你馬芬模型我也很喜歡，經常使用。

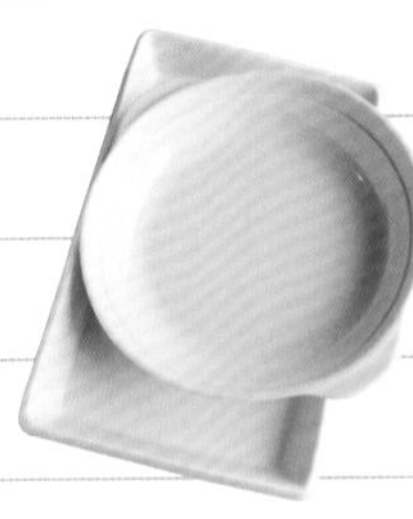

＋烤箱專用容器

可以直接以烤箱加熱的耐熱容器。用這個可以烤出薄薄的奶油蛋糕、布丁、奶酥派，還可以作提拉米蘇。當然，要作裹了麵包粉的菜色或鹹派這類料理時，也可以派上用場哦！

part 4

布丁

能自己動手作出從小最喜歡的點心，真是件幸福的事，
即使如今我已長大，布丁仍然是我的心頭好。
想吃的飽滿有彈性的傳統口味時，就作卡士達布丁；
想吃入口即化的軟嫩布丁時，就作馬斯卡彭口味的布丁；
想吃適合夏天的滑溜布丁時，就作豆奶布丁；
然後，偶爾也可以試作變化版的紅茶或南瓜布丁。
為了自己，為了家人，為了同樣喜歡布丁的朋友，
大家也可以隨著心情，試著作作看吧！

卡士達布丁

我想布丁應該是最能代表家庭手工點心的甜點了。如果平常就有自製點心的習慣，一定會有屬於自己的獨家食譜吧。今天要介紹配方就是基本款的布丁。沒有鮮奶油或利口酒，只有雞蛋、砂糖、牛奶和香草的版本。但絕對不能少的是略帶苦味的焦糖醬。搭配這種大小的布丁，我認為以2大匙砂糖作出來的焦糖醬比例最剛好，當然，如果你很喜歡焦糖味，不妨多作一倍試試看。

曾經和女性好友一起過看一部叫作《讓妳愛上我》的電影，女主角吃著自己親手作的大布丁，讓我留下深刻的印象。故事內容已經記不得了，但是自從看過那部電影後，心裡就有個小小的夢想，希望有一天能以大大的容器，烤出個超大布丁來，然後和我的孩子一起分享，拿起湯匙一口一口地吃個精光。明明是一部戀愛電影，卻夢想著和孩子一起吃布丁，而不是和戀人，究竟為什麼我也不懂（苦笑）。每次作大布丁的時候，腦海總會出現許多過往回憶和現在思緒重疊的畫面，雖然不時感到些微的悲傷，但我還是好喜歡布丁。我想，今後仍會繼續作布丁吧！

材料（直徑15cm固定式圓形模型1個份）
雞蛋　2顆
牛奶　280ml
細砂糖　40g
香草莢　½根
（或香草精少許）
焦糖醬
- 細砂糖　2大匙
- 水　1小匙

前置準備
+ 雞蛋置於室溫下回溫。
+ 烤箱以160℃預熱。

作法
1. 首先製作焦糖醬。小鍋裡放入細砂糖和水，以中火加熱，不要搖晃鍋子，等待砂糖溶解。待邊緣開始焦化後，再輕輕搖晃鍋子，使顏色混合均勻。加熱至整體顏色變成深褐色後，熄火，趁熱倒入模型內。
2. 鋼盆內打入雞蛋，以打蛋器打散，加入細砂糖，攪拌均勻（不需攪拌至顏色變淡）。
3. 另取一個鍋子，放入牛奶和香草莢（縱向切開後，取出裡面的籽，籽連同香草莢一併丟入鍋內），以中火加熱直到快要沸騰前熄火，然後慢慢倒入步驟2內，再以打蛋器仔細攪拌均勻。以濾網過篩的同時倒入模型內，以湯匙去除表面的氣泡。
4. 把模型放在烤盤上後，送入烤箱，在烤盤內注入熱水至模型的⅓高度，以160℃烤約40分鐘（中途若烤盤內的水蒸發完，請再補充）。出爐後以竹籤戳刺中心，如果沒有沾附任何未熟的材料即表示完成。放涼後，放入冰箱徹底冷卻。把布丁從模型中取出時，可以刀子在布丁和模型中間沿著繞一圈，蓋上盤子，翻轉過來即可。

煮到顏色呈深褐色，
散發出苦味的焦糖醬，是我的最愛。
甜甜的布丁和微苦的焦糖醬搭配在一起，
絕妙的滋味彷彿一道美麗的協奏曲。
順帶一提，這份食譜若以一般布丁模型製作，
大約可製作5個左右。
這時焦糖醬的配方是細砂糖40g＋水½大匙（至少）。
烘焙時間為160℃烤25至30分鐘。

會用到香草莢，
通常是要把布丁
當成禮物送人的特殊情況。
如果只是平常自己吃的布丁，
通常使用香草精就足夠。

因為懶得作焦糖醬而放棄作布丁，
實在太可惜了。
想偷懶的時候，
可以現成的焦糖球代替。
在一個布丁模型內
倒入1至2顆的焦糖球，
再把卡士達醬倒滿後，
隔水加熱烘烤即可。

咖啡布丁

我幾年前買下咖啡機後，便一頭栽進了咖啡的世界。現在也會利用一個人獨處的時候，以濾杯手沖一杯香濃的咖啡，細細品嚐。要是那個以前只喝紅茶的我，看見現在喝著咖啡的我，鐵定大吃一驚。出外用餐結束時，被問到附餐飲料要咖啡或紅茶時，我也會試著點咖啡；到咖啡店喝咖啡的次數也漸漸多了起來，觀察著自己的味覺變化，感到相當有趣。

帶有其他口味的布丁，有很多不用搭配焦糖也很好吃的作法，不過這一道我還是加了焦糖。能夠嚐到焦糖獨特的微苦滋味，這道布丁很作為只有大人聚會時最後的甜點。特別想來點不一樣的晚餐料理時，也可以考慮搭配這道布丁。

材料（直徑7cm布丁模型5個份）
雞蛋　2顆
牛奶　200ml
鮮奶油　80ml
細砂糖　40g
烘焙用巧克力（半糖）　20g
即溶咖啡粉　1大匙
咖啡酒　1大匙
焦糖醬
細砂糖　40g
水　½大匙

前置準備
+ 雞蛋置於室溫下回溫。
+ 巧克力切成細碎。

作法

1. 首先製作焦糖醬。小鍋裡放入細砂糖和水，以中火加熱，不要搖晃鍋子，等待砂糖溶解。待邊緣開始焦化後，再輕輕搖晃鍋子，使顏色混合均勻。加熱至整體顏色變成深褐色後，熄火，趁熱倒入模型內。
2. 鋼盆內打入雞蛋，以打蛋器打散，加入細砂糖，攪拌均勻（不需攪拌至顏色變淡）。
3. 另取一個鍋子，放入牛奶和鮮奶油，以中火加熱直到快要沸騰前熄火，然後慢慢倒入步驟2內，再以打蛋器仔細攪拌均勻。再依序加入巧克力、咖啡粉，利用熱度使其完全溶化，最後再加入咖啡酒，混合均勻。以濾網過篩的同時倒入模型內，以湯匙去除表面的氣泡。
4. 把模型放入已充滿蒸氣的蒸鍋內，以大火2分鐘→小火20分鐘的順序蒸熟。出爐後以竹籤戳刺中心，如果沒有沾附任何未熟的材料即表示完成。放涼後，放入冰箱完全冷卻。

＊ 烤箱烘焙請調至160℃，以隔水加熱的方式烤25分鐘。

即溶咖啡粉是製作甜點時
非常方便的材料。
再加上KAHLUA咖啡酒，
能讓咖啡的香味更明顯香濃。
用量只需一點點，
而且只要有加，
就會更好吃。

材料（100ml咖啡杯4杯份）
蛋黃　2顆
牛奶　280ml
細砂糖　30g
紅茶葉　約5g（紅茶包2包）
裝飾用的鮮奶油、肉桂粉　適量

作法

1 把牛奶和紅茶葉放入鍋內，以中火加熱，煮到即將沸騰前熄火，蓋上蓋子燜個3至5分鐘。
2 鋼盆內放入蛋黃，以打蛋器打散，然後加入細砂糖後攪拌均勻（不需攪拌至顏色變淡）。把步驟1經濾茶器過濾後，慢慢倒入鋼盆內，再以打蛋器拌勻，然後一邊用濾網過網，倒入咖啡杯裡。以湯匙去除表面的氣泡。
3 把模型放入已充滿蒸氣的蒸鍋內，以大火2分鐘→小火15分鐘的順序蒸熟。直到表面凝固，軟嫩有彈性的狀態，就是蒸好了。放涼後，放入冰箱徹底冷卻。吃的時候可以隨喜好加上鮮奶油＆撒上肉桂粉。

* 烤箱烘焙請調至150℃，隔水加熱的方式烤35至40分鐘。

若沒有蒸鍋，可使用厚的琺瑯鍋（法國Le Creuset品牌等）也可以。
用鋁箔紙包住裝有布丁餡料的咖啡杯，放入鍋裡後，注入熱水至杯子的一半高度，蓋上鍋蓋開大火→
水滾了後轉小火加熱2分鐘→
熄火後靜置20分鐘即可。

紅茶布丁

這道柔軟滑嫩又好吃的紅茶布丁，沒有用到任何鮮奶油。與其當成下午茶點心，我覺得更適合作為飯後甜點，以小杯子盛裝，份量剛剛好。

圖中用來裝布丁的小陶器，是小時候家裡就有的老東西。幾年前我回老家時發現了它，「好可愛哦！給我嘛。」拜託母親送給我。並不是什麼高價的陶器，只是很普通的東西，看了杯底才知道是NORIKETA公司出產的FOLKSTONE系列，連DISHWASHER SAFE都印上了。在那個洗碗機尚不普及的年代，這套餐具想必滿時髦的，搞不好是當時日本製造外銷的商品，當然這只是我沒有根據的猜測，真相如何就不得而知了。可能還稱不上古董等級，但在日本國內應該是有收藏價值的，希望我也能和它長相廝守呢！

栗子布丁

小時候有一種常見的零嘴，叫天津甘栗。要剝下那層又厚又硬的皮雖然不容易，但實在太想吃到鬆軟香甜的栗子，所以也顧不得手指弄得黑黑的，我還記得自己總是認真剝著栗子的模樣。如今，輕易就能買到已經去皮的栗子，一方面感恩便利性，一方面我又忍不住覺得，天津甘栗之所以好吃，或許也正是因為努力剝下外皮後得到的成就感吧！而且，外皮似乎更能把栗子的風味更完整地保留住。不過這只是我自己的想法，其實只要好吃，我都喜歡！

至於烤箱溫度的設定和烘焙時間長短，以烤箱作布丁時，大部分都會在表面烤出一層焦色來。我自己頗喜歡這樣的效果，如果會在意，也可先以鋁箔紙蓋住後再烤也OK！

材料（120ml耐熱容器5個份）
雞蛋　2顆
牛奶　220ml
鮮奶油　50ml
栗子泥（罐裝・無糖）　100g
細砂糖　40g
蘭姆酒　½大匙
香草精（依個人喜好）　少許
焦糖醬
細砂糖　40g
水　½大匙

前置準備
+ 雞蛋置於室溫下回溫。
+ 烤箱以160℃預熱。

作法
1. 首先製作焦糖醬。小鍋裡放入細砂糖和水，以中火加熱，不要搖晃鍋子，等待砂糖溶解。待邊緣開始焦化後，再輕輕搖晃鍋子，使顏色混合均勻。加熱至整體顏色變成深褐色後，熄火，趁熱倒入耐熱容器內。
2. 栗子泥和半份牛奶一起放入攪拌機或食物調理機，攪拌至柔滑的狀態（或栗子泥本來就夠軟，直接加牛奶後攪拌拌勻也可以）。
3. 鋼盆內打入雞蛋，以打蛋器打散，加入細砂糖，攪拌均勻（不需攪拌至顏色變淡）。
4. 另取一個鍋子，放入剩餘的牛奶和鮮奶油，以中火加熱直到快要沸騰前熄火，然後慢慢倒入步驟3內，再以打蛋器仔細攪拌均勻。以濾網過篩步驟2的栗子泥後，加入鋼盆內混合均勻，再加入蘭姆酒、香草精，全部攪拌成柔滑的狀態。倒入耐熱容器內，以湯匙去除表面的氣泡。
5. 把容器放在烤盤上後，送入烤箱，在烤盤內注入熱水至容器的⅓高度，以160℃烤約25分鐘（中途若烤盤內的水蒸發完，請再補充）。出爐後以竹籤戳刺中心，如果沒有沾附任何未熟的材料即表示完成。放涼後，放入冰箱徹底冷卻。

作栗子口味的甜點時
最便於使用的材料，
就是這種栗子泥罐頭。
其中又以法國SABATON公司的
產品最有名。
其他還有栗子奶油、栗子醬、栗子泥等。
無糖的栗子泥對我來說相當方便使用。

香焦布丁

這個口味與其說是作給自己吃的，倒不如說是獻給愛吃香蕉的人。表面的焦化砂糖，可以以料理專用的火焰噴槍，或放在烤魚專用的烤架上，以大火直接近距離地加熱表面也行。不過我對於這個作法比較手拙就是了（苦笑）。

我看到有趣料理小工具就會忍不住想入手，每次的藉口總是「有了這個，作菜就會更有趣呢，買吧！」，聽起來雖然沒什麼說服力，不過還是買了不少。關於商品的評價，好用和不好用的意見都有，所以我的看法始終是，不自己試用看看怎麼知道。別人的意見固然極具參考價值，但是最終的判斷權還是掌握在親眼看見、親手摸過的自己手上。除了挑選物品，這樣的觀點或許也適用在其他地方吧！

材料（直徑約16cm耐熱容器1個份）
蛋黃　2顆
牛奶　120ml
鮮奶油　100ml
香蕉　約½根（去皮後60g）
細砂糖　20g
香草精（依個人喜好）　適量
裝飾用細砂糖、糖粉　各適量

前置準備
+ 烤箱以150℃預熱。

作法

1. 香蕉和一半份量的牛奶，一起放入攪拌機或食物調理機，打成柔滑的泥狀（或把香蕉先用叉子搗碎後，再和牛奶一起混均也可以）。
2. 鋼盆內放入蛋黃，以打蛋器打散，加入細砂糖，攪拌均勻（不需攪拌至顏色變淡）。
3. 另取一個鍋子，放入剩餘的牛奶和鮮奶油，以中火加熱直到快要沸騰前熄火，然後慢慢倒入步驟2內，再以打蛋器仔細攪拌均勻。以濾網過篩步驟1的香蕉泥後，加入鋼盆內混合均勻，再加入香草精，全部攪拌成柔滑的狀態。倒入耐熱容器內，以湯匙去除表面的氣泡。
4. 把容器放在烤盤上後，送入烤箱，在烤盤內注入熱水至容器的⅓高度，以150℃烤約30分鐘（中途若烤盤內的水蒸發完，請再補充）。出爐放涼後，在表面撒上細砂糖，以料理專用的火焰噴槍烤直接加熱，增加顏色及香氣（也可以以瓦斯爐附的烤魚專用網架，大火直接對著布丁表面加熱）。待不燙手後，放入冷藏徹底冷卻，開動前依喜好撒上糖粉。

以前，我看到由江國香織的
原著所改編成的電視劇《溫熱的盤子》時，
主角在類似烤布蕾的甜點表面，
以料理用的火焰噴槍
直接將砂糖焦化的畫面，
實在很賞心悅目，
促使我也買下一支火焰噴槍。
在烘焙器材行或大賣場都可以找得到。

豆奶布丁

我開始認真地喝豆奶，是最近幾年的事，也許是受到偶然認識的料理高手影響也說不定。開始嘗試喝豆奶後才發現，其實味道並沒有我以為的重，甚至可以加在甜點裡。話雖這麼說，我還是無法直接喝下原味的豆奶，所以便把它替代牛奶加在咖啡裡，或者作菜時一併入菜。希望每個人都能毫無抗拒地接受這道布丁，所以採用一半豆奶一半牛奶的配方；當然，如果完全使用豆奶也可以。

養生、排毒……這些名詞，近幾年開始受到關注。熱愛乳製品的我，沒辦法突然轉變成糙米蔬食主義者，應該還是會繼續擁抱鍾愛的動物性食品；只不過攝取量已漸漸減少了。我的想法是，只要單純地回應身體的需求，身體也會自然而然地變好、變健康。

話雖如此，最近突然覺得好吃而常吃的，竟然就是糙米。一次煮好固定份量，再按一餐飯的份量分裝冷凍保存。自己一個人吃午餐時，以微波加熱一下就可以了。我老公似乎比較愛吃白米飯，但我想也該是時候給他一碗糙米飯嚐嚐了。

材料（100ml容器6個份）※非素

豆奶　300ml

牛奶　150ml

蔗糖（或細砂糖）　40g

- 吉利丁粉　5g
- 水　50ml

香草莢（隨意）　¼根

蘭姆黑糖蜜

- 黑砂糖粉　3大匙
- 水　3大匙
- 蘭姆酒　½大匙

前置準備

+ 把吉利丁粉和水混合，使其膨脹，備用。

作法

1. 鍋內放入豆奶、牛奶、蔗糖、香草莢（縱向切開後，取出裡面的香草籽，連同香草莢一併入鍋），以中火加熱，木匙攪拌混合，砂糖溶解後熄火。
2. 把已泡開膨脹的吉利丁粉，以隔水加熱或微波加熱數秒的方式使其溶化（小心不要任其沸騰），倒入步驟1裡，拌勻，以濾網過篩，再倒入容器裡，送入冰箱冷藏至少2小時，等待凝固。
3. 製作蘭姆黑糖蜜。在小鍋裡放入黑砂糖和水，以中火加熱，木匙攪拌均勻直到砂糖完全溶解，稍微濃縮的狀態（濃縮的程度可依個人喜好）。熄火，加入蘭姆酒後拌勻，換一個容器盛裝，待其徹底冷卻。淋在布丁上搭配食用。

同樣是100ml容量的容器，
我在烘焙材料行發現了造形可愛、
有如迷你優酪乳瓶的玻璃瓶，
又叫保羅瓶，附有蓋子，相當好用。
樸實得讓人喜愛。

豆奶可以選加了配方的或純豆奶皆可。
至於牛奶的比例，
可以隨個人的喜好調整，
如果用了200ml的豆奶，
就要搭配250ml的牛奶。
總份量抓在450ml以內是最好的比例，
也可以加一點鮮奶油讓口感更豐潤，
請試試不同的巧思吧！

我將黑砂糖和蘭姆酒混合，
作成蘭姆黑糖蜜；
也可以直接把黑砂糖
加在牛奶布丁上享用。
蘭姆酒除了上述的用法之外，
也可以塗在剛出爐的蛋糕上，
和加了鮮奶油搭配使用，
或作成蘭姆酒漬水果乾。

南瓜布丁

布丁可以作出千變萬化的口味，也是最常出現在下午茶點心或餐後甜點的點心。紅茶、巧克力、芒果、起司……還有更多其他口味。加入新的素材再花點巧思，這樣的布丁讓人時不時就想來一口。最普通的卡士達布丁和這道南瓜布丁，則是無論何時都令人無法抗拒，就算昨天才吃過，今天還想再吃。當我吃到這些簡單卻美味的點心時，雖然沒有什麼過人之處，但光是怎麼也不吃膩這點，就很令人折服。也讓我再次提醒自己，其實基本的、樸食的點心，才是最重要也是最好吃的。

食譜裡的份量似乎偏多，不過我是忠實地把自己平時製作的份量呈現出來。除了想吃得過癮外，也可以和他人分享，所以都是作這樣的份量。可以使用質感較好的鋁箔製模型烤好後，當成簡單的伴手禮；或選用可愛一點的陶瓷器皿盛裝，再放在小碟子上端上桌，也很不錯。要是份量真的太多，請把材料減半再作哦！

材料（直徑7cm布丁模型6個份）
南瓜　約¼個（去皮後300g）
牛奶　350ml
鮮奶油　50ml
雞蛋　3顆
細砂糖　40g
紅糖（或細砂糖）　40g
蘭姆酒　2小匙
香草精　少許
焦糖醬
細砂糖　60g
水　1大匙

前置準備
+ 雞蛋置於室溫下回溫。

作法

1 首先製作焦糖醬。取一小鍋，放入細砂糖和水，以中火加熱，不要搖晃鍋子，待砂糖溶化。等到糖水邊緣出現焦化狀後，輕輕搖動鍋子使其混合均勻，煮成深褐色後即可熄火。趁熱倒入模型內。
2 南瓜去蒂、去瓤，切成適當大小，以微波爐或蒸鍋加熱至軟透，竹籤可輕易刺穿的程度。去皮後，取300g放入鋼盆裡，趁熱以叉子搗碎。烤箱以150℃預熱。
3 在步驟2裡，依序加入煮至即將沸騰前的牛奶（用微波或小鍋中火煮皆可）→細砂糖和紅糖→鮮奶油→蘭姆酒和香草精，每加入一樣材料時都要以打蛋器仔細攪拌均勻。最後加入打散的蛋液，攪拌至柔滑狀（以電動攪拌棒或食物處理機依序拌勻也可以）。
4 倒入模型，放在烤盤上送入烤箱。烤盤內注入熱水至模型的⅓高度，以150℃隔水加熱，烘烤約40分鐘（中途若烤盤內的水蒸發完，請再補充）。出爐後以竹籤在中央部位戳戳看，沒有沾附任何未熟的材料表示完成。冷卻至不燙手的程度後，放入冰箱冷藏，徹底冷卻。

另一種準備布丁原料的方法，
是以一個較大的量杯，
把材料依序放入後，
再以電動攪拌棒直接攪拌。
南瓜不用放涼，
熱熱的就可以攪拌了。

也可以用大的耐熱器皿烤好後，
以湯匙挖取喜歡的份量享用。
同樣食譜的份量，
適用19×13×4cm的耐熱器皿2個。
烘烤時間是150℃、約45分鐘。

馬斯卡彭柔滑布丁

想把普通的布丁變化一下，只要在倒入焦糖醬後，擇一加入水果或果仁類的新鮮材料，布丁瞬間就變得華麗許多。這道馬斯卡彭柔滑布丁，作成柔軟滑嫩的口感，要比作成一般布丁那種富有彈性的口感來得適合。一般布丁可以大一點的模型作好後，再各自挖取想要的份量即可；不過口感柔滑的布丁，我想應該用小型容器作成一人份，會更方便取用。如果選用小一點的容器，烤好後再淋上醬汁和鮮奶油，當成餐後的甜點也很適合。因為原料裡混合了牛奶和鮮奶油，讓布丁吃起來既香濃又滑嫩。再加上馬斯卡彭起司，一入口就像在舌尖上融化般，真令人難以抗拒。加入了橙酒（Grand Marnier），如果要作給小朋友吃，酒的用量記得減少一些哦！

馬斯卡彭眾所皆知的一款義大利起司的名字。帶有些許的甜味，但完全沒有酸味或起司味獨有的氣味。這樣的起司，比起單獨享用，我更喜歡用來入菜或作甜點。就連「馬斯卡彭」這個名字我都覺得發音好可愛，當成狗狗或貓咪的名字也挺合適的呢！

材料（100ml耐熱容器4至5個份）
馬斯卡彭起司（Mascarpone Cheese）　80g
細砂糖　30g
蛋黃　2顆
牛奶　120ml
鮮奶油　2大匙
橙酒（Grand Marnier）　½大匙
香草精　少許
柳橙焦糖醬
- 柳橙　1顆
- 細砂糖　3大匙
- 水　1小匙

裝飾用鮮奶油、薄荷葉　各適量

前置準備
+ 柳橙剝去外皮及果肉上的薄膜，切成適當大小。

作法

1. 首先製作柳橙焦糖醬。小鍋中放入細砂糖和水，以中火加熱，不要搖動鍋子，等待砂糖溶解。待糖水邊緣開始焦化後，輕輕搖晃鍋子使顏色混合均勻，持續煮到整體變成深褐色後，倒入柳橙，拌勻。倒入另一容器內，放涼後放入冰箱冷藏備用。烤箱以150℃預熱。
2. 鋼盆內放入馬斯卡彭起司，以打蛋器攪拌成柔軟的乳霜狀，再加入細砂糖、蛋黃（分顆加入），同時每加入一樣材料時都以打蛋器仔細拌勻。
3. 小鍋內放入牛奶和鮮奶油，以中火加熱，直到快要沸騰前熄火（用微波加熱也可以）。慢慢倒入步驟2裡，以打蛋器混合均勻後，以濾網過篩，再加入橙酒和香草精，全部拌勻。
4. 倒入耐熱容器內後，把器皿間隔排列放上烤盤，送進烤箱。在烤盤內注入熱水至器皿的⅓高度，以烤箱150℃隔水加熱方式烘烤約30分鐘。出爐後，冷卻至不燙手的程度，放入冰箱使其徹底冷卻。吃的時候淋上步驟1的柳橙焦糖醬，和略微打發過後鮮奶油，再以薄荷葉點綴。

柳橙先把頭尾的皮厚切掉一塊後，再以刀子把周圍的皮都切除。取出果肉後在每片果肉的左右兩邊薄膜內切入V字形，就能輕鬆取出完整的小片果肉。

要作出味道香濃卻口感輕爽的布丁，馬斯卡彭起司功不可沒。略帶苦味的焦糖醬和它也很搭。

特別變化
食譜
memo

本單元所介紹的，是利用前面所提到過的食譜，改變一下形狀、大小、材料，更換一下裝飾的手法，就能創造出新的甜點來。
只要稍微多花點巧思或創意，甜點的可能性無可限量呢！

巧克力大理石の紐約起司蛋糕

P.8・紐約起司蛋糕

以隔水加熱方式慢慢烘烤出豐潤感滿分的紐約起司蛋糕，使用輕鬆簡單、好記好理解的食譜配方，操作也輕而易舉，從以前到現在都是我很喜歡的一道食譜。由於起司味不重，所以以這份食譜為基礎所變化出來的各式不同口味起司蛋糕，選擇相當多。當中的這道「巧克力大理石之紐約起司蛋糕」，和咖啡非常對味，我那些熱愛咖啡的朋友們，經常要求我作這道點心呢！

recipe

材料＆作法
（18×7cm鋁箔磅蛋糕模3個份）
和「紐約起司蛋糕」相同。細砂糖100g改為90g，不加檸檬汁，完成原味基底後，取¼的量放入另外的鋼盆裡，和已融化的30g烘焙專用巧克力混合（巧克力用微波加熱溶化即可），作成巧克力基底。再把巧克力基底倒回原味基底內，稍微混合1至2下，作出大理石花紋，送入預熱至160℃的的烤箱，隔水加熱烘烤約50分鐘。也適用直徑16cm的掀底式圓形模型1個，同樣以160℃，烤60分鐘。

原味迷你瑞士卷

P.38・原味瑞士卷

一直以來我都是以邊長30cm的烤盤來烤瑞士卷的海綿蛋糕。直到幾年前接觸了邊長24cm的烤盤後，我便愛上這個更輕巧的尺寸的烤盤了。雞蛋2顆就很足夠，完成的海綿蛋糕面積較小，無論塗奶油夾心或把蛋糕捲起，都輕鬆很多。這個大小真的很方便，也很適合家庭使用。

recipe

材料＆作法
（24×24cm烤盤1個份）
和「原味瑞士卷」相同，只是素材份量全部減半，作法完全一樣。以180℃烤箱烤約10分鐘，塗上奶油後，捲起即可。

英式布丁蛋糕（Trifle）

P.38・原味瑞士卷

烤成薄片狀的海綿蛋糕，除了可以作成瑞士卷之外，也可以切開或和別的食材混合搭配，或當成蛋糕的底座等等，能變化成許多不同的甜點。英式布丁蛋糕就是其中一個例子，把海綿蛋糕跟水果、鮮奶油在杯子裡重疊即完成。很適合作為平時家中的餐後點心。

recipe

材料＆作法
（30×30cm烤盤1個份）
作法和「原味瑞士卷」的海綿蛋糕相同。只需把海綿蛋糕切小塊，再切上隨個人喜好的水果，以及略微打發過後的鮮奶油，在杯子裡平均地放入喜好的份量即可。使用的水果，圖片中用到的是罐頭的白桃和杏桃。可用薄荷葉點綴，再撒上糖粉。

特別變化
食譜
memo

芒果馬芬

P.102・杏桃馬芬

熱呼呼出爐時最好吃的馬芬，當早餐或下午茶點心都很適合，只要一想起來，我立刻就會動手作。利用家中常備的材料三兩下就可以搞定，沒有複雜素材的馬芬，真的完全沒有難度。我對馬芬的喜愛從以前到現在都沒有改變，只不過以前我用110g的麵粉，調出的麵糊分成7至8個模型，作出尺寸較精緻的馬芬，現在則作成6個份量較大的馬芬，吃得更過癮！

recipe

材料＆作法
（直徑7cm馬芬模型6個份）
和「杏桃馬芬」相同。把2大匙牛奶換成原味優格（也就是原味優格總共3大匙），杏桃則換成適量的罐頭芒果片。麵糊倒入模型裡以後，再把切好的芒果放在表面（稍微往中心塞一下），以170℃烤25至30分鐘。

奶油起司柔滑布丁

P.122・馬斯卡彭柔滑布丁

把馬斯卡彭換成奶油起司，完成後的布丁嚐起來起司味較為明顯，也相當好吃。以附有蓋子的鋁箔製模型來烤布丁，完成後可以直接當成伴手禮。材料倒入模型內時，上方留下比常多一些空間（意即份量少一點），完成後再擠上鮮奶油慕斯，撒上一點開心果點綴。

recipe

材料＆作法
（直徑6.5cm鋁箔烤杯4個份）
和「馬斯卡彭柔滑布丁」相同。把馬斯卡彭置換成相同份量的奶油起司，不放柳橙焦糖醬。焦糖醬則可以使用簡便的焦糖球（參考P.113），每一個布丁搭配1至2顆焦糖球，先把焦糖球倒入模型裡後，再倒入布丁材料。

recipe

（直徑11cm至13cm的麵糊2個份）
和「酸奶油司康」相同。在加入蛋黃、牛奶、酸奶油時，同時加入葡萄乾60g和巧克力碎片30g。分成2等分後，分別揉成圓形。利用刮刀在上方壓出放射線，等分成6份後，以180℃預熱的烤箱烤約25分鐘。

葡萄乾巧克力脆片司康

P.95・酸奶油司康

我作的司康大多是不甜的版本，但有時還是會好想吃點帶甜味的司康當成下午茶點心，所以呢，今天就來烤個加了葡萄乾和巧克力的甜味司康。這個司康不用模型切割，也不作成圓形，而是揉成較大一塊再剝開來享用，吃起來的口感也比較濕潤，不會沙沙的喔！

烘焙良品 38

最詳細の烘焙筆記書 II
從零開始學起司蛋糕&瑞士卷

作　　者／稲田多佳子
譯　　者／丁廣貞
發 行 人／詹慶和
總 編 輯／蔡麗玲
執行編輯／李佳穎
編　　輯／蔡毓玲・劉蕙寧・黃璟安・陳姿伶・白宜平
封面設計／翟秀美
內頁排版／造極
美術編輯／陳麗娜・李盈儀・周盈汝
出 版 者／良品文化館
郵政劃撥帳號／18225950
戶名／雅書堂文化事業有限公司
地址／220新北市板橋區板新路206號3樓
電子信箱／elegant.books@msa.hinet.net
電話／(02)8952-4078
傳真／(02)8952-4084

2015年02月初版一刷　定價／350元

總　經　銷／朝日文化事業有限公司
進退貨地址／235新北市中和區橋安街15巷1號7樓
電　　話／Tel：02-2249-7714
傳　　真／Fax：02-2249-8715

國家圖書館出版品預行編目(CIP)資料

最詳細の烘焙筆記書II從零開始學起司蛋糕&瑞士卷/
稲田多佳子 著；丁廣貞譯. -- 初版. -- 新北市 :
良品文化館出版 : 雅書堂發行, 2015.02
面； 公分. -- (烘焙良品 ;38)
ISBN 978-986-5724-28-3(平裝)
1.點心食譜
427.16　　103025857

STAFF
書本設計／若山嘉代子　若山美樹
L' espace
採　　訪／相沢ひろみ
攝　　影／吉田篤史
(P.86至P.89)
校　　閱／滄流社
編　　集／足立昭子

從零開始學！

Cookie + Cream Cake Recipe

從零開始學
餅乾&奶油麵包

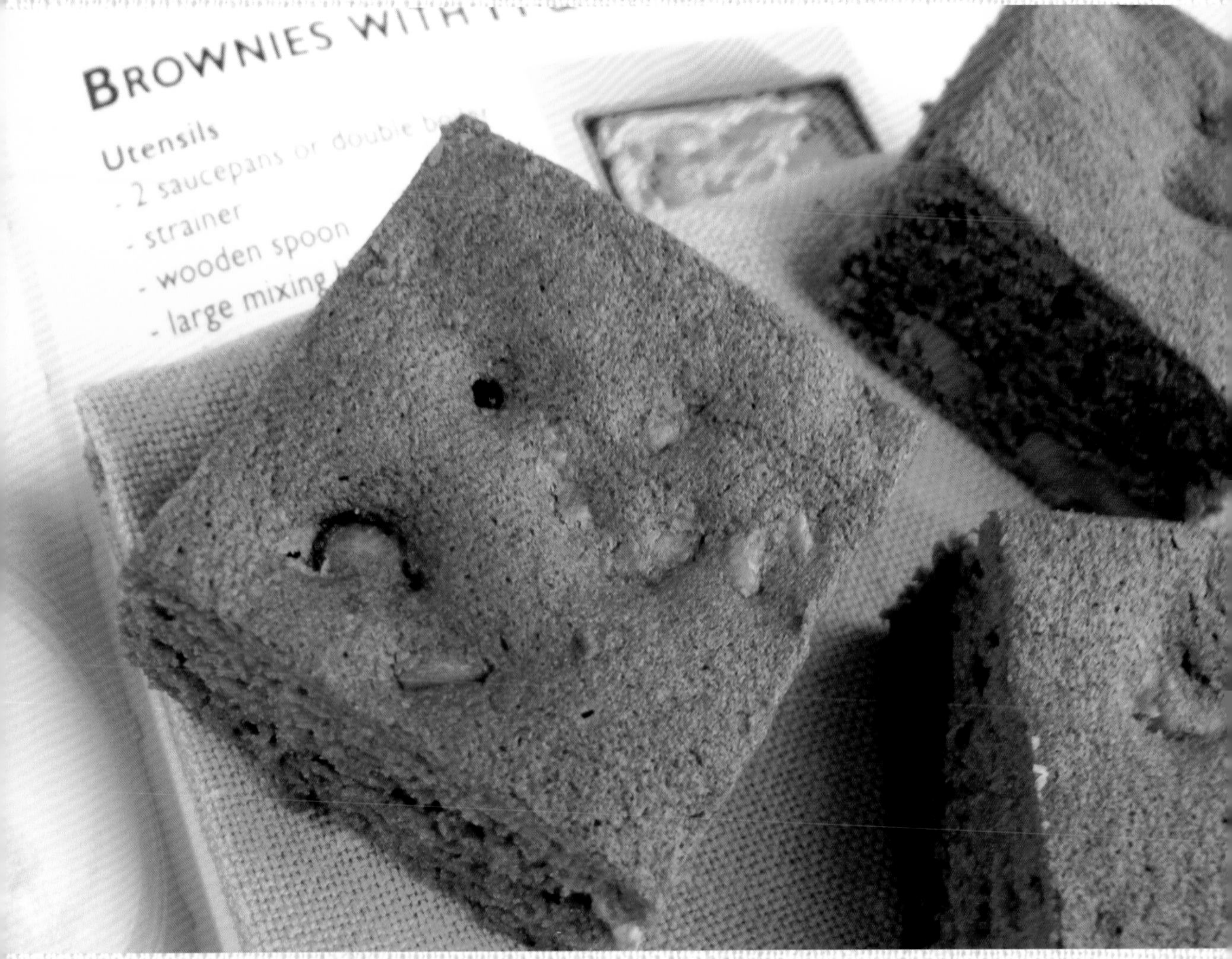

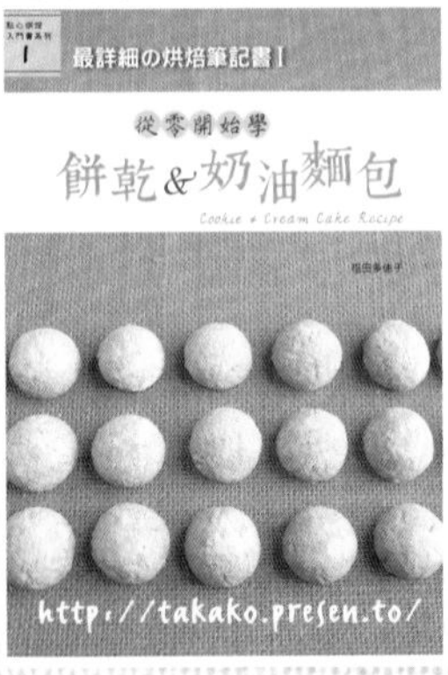